身近な虫たちの華麗な生きかた

稲垣栄洋　小堀文彦 画

筑摩書房

目次

身近な虫たちの華麗な生きかた

8 ミツバチ

働き者は、おばあさん

かつて労働時間が長く、働きづめの日本のサラリーマンは、世界の人々から「働き蜂」と揶揄された。

ところが働き者の代名詞であるはずのミツバチの働き蜂の労働時間は、一日五時間程度だという。何と定時退社の八時間労働よりもずっと少ないのだ。

もっとも、考えてみればミツバチには休日がない。一週間休みなく働いたとすると週三十五時間だから、労働基準法で定める法定労働時間の四十時間の枠内できっちり働いていることになる。

サラリーマン社会であれば、若いうちは外回りの営業をしたり、現場に出たりと外勤で働き、少しえらくなると内勤になって机に向かって仕事をしたり、会議室にこもったりするようになる。

ところが、ミツバチは反対で、新米の働き蜂が、外回りをして蜜を集めるようなことはない。ミツバチは経験を経るごとに内勤から徐々に外勤をするようになるのである。

成虫になったばかりの働き蜂に与えられる仕事は、巣の中の仕事や幼虫の子守りである。もっとも子守りなどの仕事は昼夜なく二十四時間体制で行われる。労働時間が五時間というのは、花から蜜を集める外勤の蜂の場合で、内勤の蜂は交替勤務で、六〜八時間の労働時間である。内勤の仕事だからといって楽なことはないのだ。

やがて働き蜂は巣を作ったり、集められた蜜を管理するなど責任のある仕事をまかされるようになる。そして、やがて巣の外で蜜を守る護衛係となり、最後の最後に与えられる仕事こそが、花をまわって蜜を集める外勤の仕事なのである。

巣の外の世界には危険がいっぱい待ちかまえている。とても経験の浅い若い働き蜂にまかせるわけにはいかないということなのだろう。働き蜂の寿命はわずか一カ月とされている。そして、先の長くないベテランの蜂が、最後のご奉公として、家族のために餌を集めるという危険な任務を担うのである。

働き蜂はすべてメスだから、花から花へと飛び回るミツバチは、すべて年老いたおばあさんの蜂ということになる。

一日、五時間の労働時間とはいっても、ミツバチの外勤の仕事は過酷である。働き蜂が蜜を集める範囲は、巣から三キロというから結構広い。宅配ピザでも宅配可能ギリギリの距離である。そして、働き蜂は、花と巣との間を一日に十〜十五往復もするのである。しかもカマキリやクモなど天敵の多い巣の外での勤務は、常に危険と隣り合わせである。働き蜂は巣から飛び立つたびに、生きては戻れないかも知れないという決死の覚悟で飛び立つのである。それがおばあさんの労働だと聞けば、働き盛りの我々サラリーマンは「働き蜂」と呼ばれるほど働いているだろうかと反省させられる。しかも、こんなに危険な思いをして生涯で集めた蜂蜜の量が、わずかスプーン一杯というから、哀しい。まぁ、私たちサラリーマンの一生の稼ぎも、改めて計算すれば悲しくなってしまうだろうから、やめておこう。

しかし、懸命に働いたミツバチたちの労働の価値は大きい。

「もしミツバチが地球上からいなくなると、人間は四年以上生きられない」

二十世紀最大の天才の一人であるアインシュタインは、こう予言した。

ミツバチが花から花へとまわることによって花粉が運ばれ、花は実を結び種子を残すことができる。そのため、ミツバチがいなくなると、植物が絶えてなくなってしまうというのである。

実際に野菜や果物なども多くは、ミツバチの受粉によって実を成らせているから、ミツバチがいなくなると人間もたちまち食べ物に困ってしまうことになる。

また、野生の植物もミツバチをずいぶんと頼っている。蜂や虻など花粉を運ぶ昆虫は

11　ミツバチ

多いが、自分の餌だけ食べればよい昆虫と違って、家族を養わなければならないミツバチは働き方が違う。それだけ頻繁に花粉を運んでくれるのである。

しかもミツバチは頭がいいので、同じ種類の花を選んで花をまわることができる。これは植物にとってはじつに都合がいい。せっかくの花粉を別の種類の花に運ばれても受粉することはできないからだ。

花を訪れる昆虫というと、蜂と並んでチョウを思い出すが、チョウはストローのような長い口を伸ばして蜜を吸うので、体に花粉がつかない。植物にとってみれば、チョウは、花粉を運ぶことなく蜜だけ吸ってしまうだけの蜜泥棒なのである。

そのため、植物はミツバチだけに蜜を与えようと、色々と工夫している。花の中には筒のように奥に深い構造になっていて、花の奥に蜜を隠しているものが多いが、これは、花にもぐりこめるミツバチなどの花蜂にだけ蜜を与えるための工夫である。

花が複雑な形に進化したのは、ベストパートナーであるミツバチだけに蜜を与えようと進化したためである。そして、複雑な花の構造を理解して蜜を獲得したミツバチは、同じしくみで蜜を得られる同じ花を訪れる。こうして、蜂と花との思惑が完璧にマッチングし、見事なまでのパートナーシップを築いているのである。

日本のサラリーマンも、「いなくなっては困る」と世界に言われるような、世の中に役立つ仕事を目指したいものである。そして、「働き蜂」と呼ばれることを世界に誇ろうではないか。

14

アゲハチョウ

美しく舞う策略家

「蝶よ花よ」と言うように、美しいチョウは誰からも愛される存在である。

ところが、日本の花鳥風月を詠んだ歌も多い『万葉集』には、どういうわけか、チョウを詠んだ歌が一つもないという。また平安時代に書かれた清少納言の『枕草子』の第四十三段の「虫は」では、ハエやアリまで登場するのに、意外なことに女性が好みそうなチョウが紹介されていないというから不思議だ。

一説には、ひらひらと飛ぶチョウは、昔は死者の魂を運ぶとされており、不吉なものとして、忌み嫌われていたという。しかし、どんなに万葉の人々に嫌われようと、チョウはひらひらと飛ばなければならない事情がある。

ひらひらと舞う飛び方は、天敵の鳥の攻撃から身を守るための逃避行動である。よく映画やドラマの一場面で銃を撃ってくる悪者から逃れる主人公が、車をジグザグに走らせて逃げるが、チョウの飛び方もまさに同じである。ひらひらと不規則に舞うチョウの動きは、鳥にとっては何とも捕捉しにくい。こうしてチョウは、直線的に高スピードで迫りくる鳥の攻撃を交わすのである。優雅に見えるチョウの飛翔は、敵から逃れるための逃避行動だったのである。

ひらひらと羽を動かしているように見えるチョウであるが、実際には羽を閉じてふわっと落ちると、羽をはばたかせて、舞い上がるという動きを繰り返している。もっとも、羽が大きいので、激しく上下運動をして敵をまどわすのに対して、意外にも体の方は大きくは上下しない。何とも優れた飛び方なのである。

アゲハチョウは「揚羽蝶」と書く。着物の裾の余った部分をたたんで縫うことを「揚げ」と言った。アゲハチョウが蜜を吸うときに羽根を上げることから、羽根を揚げるという意味で揚羽と呼ばれるようになったのである。また、「揚げる」という言葉には、艶やかに遊ぶという意味があることから、大きくて美しい羽で舞うようすからつけられたとも言われている。軽やかに舞って敵を惑わすチョウにとって、一番の天敵は鳥である。アゲハチョウの生涯は、まさに天敵の鳥との戦いであると言っていい。

卵から孵ったばかりの小さなアゲハチョウの幼虫は、黒と白の混じった色をしている。これは鳥の糞に姿を似せているのである。芋虫が大好物な鳥も、さすがに鳥の糞は食べない。そのため、糞の姿に身をやつして身を守っているのである。しかし、いつまでも糞の姿をしているわけにはいかない。体が大きくなると鳥の糞に成りすましていたのでは巨大な糞になってしまう。こうなると、不自然でかえって目立ってしまうのだ。

そこで、幼虫は成長すると植物の茎や葉と同じ緑色の保護色になる。そして、緑色になったアゲハチョウの幼虫には大きな目玉模様ができるのである。この目玉模様は重要な働きをしている。駅やベランダ、田畑などの鳥よけに、大きな目玉模様の風船が用いられるが、鳥は大きな目玉模様を嫌う性質がある。そのため、アゲハチョウの幼虫も鳥が嫌がる目玉模様で鳥の攻撃を避けているのである。また、二つの目玉模様によってアゲハチョウの幼虫は鳥の天敵であるヘビの顔に似せているとも考えられている。実際に襲われるとヘビの鎌首のように頭をもたげて威嚇する。

さらに、幼虫の体に描かれた白い帯模様にも意味がある。横方向に線状の模様があることによって、体が区切られ、幼虫の全体の大きさがわかりにくくなる。そのため、顔を出したヘビのように鳥に思わせることができるのである。それだけではない。攻撃を続けられると、アゲハチョウの幼虫は臭角と呼ばれる鳥がいやがるにおいのする黄色い角を出して威嚇する。こうしてあの手この手で鳥から身を守るのである。

さなぎになってもアゲハチョウの防御手段は手を抜くことはない。

さなぎはごつごつした場所では茶色いさなぎとなり、細くすべすべした場所では緑色になる。アゲハチョウの幼虫はミカン科の植物を餌とするが、ミカンの木はごつごつし

17　アゲハチョウ

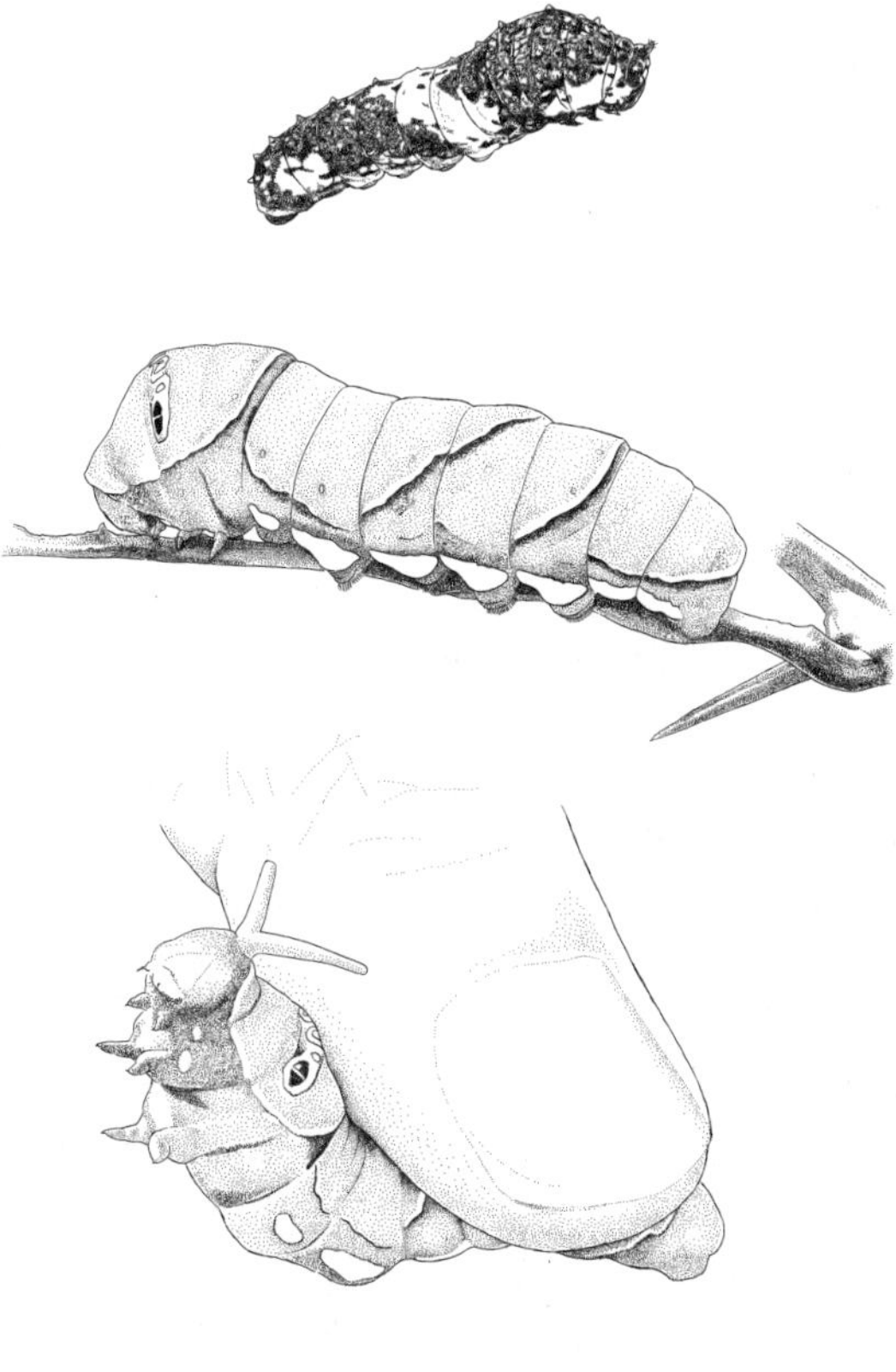

た場所は茶色い幹で、すべすべした場所は緑色の細い茎である。そのため、その場所にあわせた保護色となるようにさなぎの色を変化させるのである。しかも、さなぎはミカン科の植物によく見られる、枝のトゲに似せた形をしているから、手が込んでいる。

チョウが、ひらひらと飛ぶ理由は鳥の攻撃を避けるためだったが、アゲハチョウは、その美しい羽にも秘密がある。アゲハチョウの後の羽には尾状突起と呼ばれるしっぽのような突起があるが、尾状突起の根元にはオレンジ色の中に黒い点のある斑状模様がある。この模様も目玉を模している。この小さな目玉模様に鳥を脅かすほどの効果はない。ところが、鳥は獲物に逃げられないように、チョウを襲うときには頭を狙って攻撃を仕掛ける。そこでアゲハチョウは尾状突起を触角に見立て、オレンジ色の目玉模様で羽の方を頭だと思わせるように偽装しているのである。そして、鳥が羽を攻撃しているうちに、アゲハチョウは首尾よく逃げるのである。

平安時代には嫌われていたチョウであるが、その後台頭した平氏は優雅で美しいアゲハチョウを文様として用いるようになり、アゲハチョウは武家の家紋として好んで用いられるようになった。しかし、平氏がアゲハチョウの美しさだけでなく、その策略に満ちた生き残り戦略にまで、思いを致すことができたとしたら、どうだっただろう。もしかすると、平氏は滅びることはなく歴史は大きく変わっていたかもしれない。

19　アゲハチョウ

ジャコウアゲハ

毒を食らわば皿まで

「一枚、二枚、三枚、四枚……九枚、やっぱり一枚足りない」

怪談「播州皿屋敷」で大切な皿を割ったと因縁をつけられたお菊は、責め殺されて古井戸に投げ込まれてしまう。そして幽霊となったお菊は、古井戸から夜な夜な現れては、恨めしそうに皿の枚数を数えるのである。

その後、お菊が投げ込まれた古井戸には、うしろ手に縛られた女性の姿をした不気味な虫が出現したという。この虫はお菊の怨念が姿を変えたものだと、人々は噂した。これが「お菊虫」である。

お菊虫の正体は、ジャコウアゲハというチョウのさなぎである。

確かにジャコウアゲハのさなぎは、グロテスクな形をしている。一説には、城下にジャコウアゲハのさなぎが大発生したころから、播州皿屋敷の伝説が作られたとも言われている。

ジャコウアゲハは、さなぎばかりでなく、幼虫もずいぶんとグロテスクな姿かたちを

21　ジャコウアゲハ

している。幼虫は黒い体に白い模様がついており、そこから無数の赤い突起が出ている。その白と黒と赤のコントラストが、異常なほどに鮮やかなのである。

昆虫は目立たないように身のまわりと同じ保護色で身を隠すのがふつうである。ジャコウアゲハがわざわざ目立つような色をしているのは、ジャコウアゲハの幼虫が毒を持っているためである。ジャコウアゲハの幼虫を食べた鳥は、中毒を起こして、胃の中のものを吐き出してしまう。そして、ひどい目にあった鳥は、これに懲りて二度とジャコウアゲハの幼虫に手を出さなくなる。そのため、誤って食べられないように、体を目立たせて食べられないように鳥に警告しているのである。

いくら猛毒を持っていても、食べられてから毒が効くまでには時間が掛かるから、食べられてしまってからでは身を守ることはできない。食べられないということが大切なのだ。その点で、ジャコウアゲハの毒の使い方はじつに巧みである。毒が強すぎて相手を殺してしまっては、ジャコウアゲハの毒を知らない鳥ばかりになってしまう。毒の恐ろしさを学ばせることが大切だから、殺してしまっては元も子もない。相手にひどい目にあわせる程度の毒の強さがちょうどいいのだ。

こうして毒で身を守るジャコウアゲハであるが、不思議なことに、産まれたばかりの幼虫は身を守るための毒を持っていない。

23　ジャコウアゲハ

ジャコウアゲハの幼虫は有毒なウマノスズクサを餌にしている。そして、毒草のウマノスズクサを食べては、自らの体内に毒をためこむのである。

毒草を餌にする昆虫は他にもいるが、体内で毒を解毒して無毒化したり、代謝して体外に排出したりして、毒の害が身に及ぶのを防いでいるのが一般的である。これに対して、ジャコウアゲハは積極的に毒成分を摂取して体内にため込んでいく。まさに毒を食らわば皿まで、ということなのだ。

しかし考えてみれば、そもそもウマノスズクサが毒成分を持つようになったのは、害虫に食べられないようにするためである。それなのに、さんざん葉っぱを食べられた揚句に、せっかく作りあげた毒まで横取りされては、ウマノスズクサはたまらない。お菊虫よりも、ウマノスズクサの方が、よっぽど恨めしいと思っているに違いない。

ジャコウアゲハが幼虫のときにたくわえた毒成分は、さなぎになっても体内にたくわえられる。ジャコウアゲハのさなぎはよく目立つオレンジ色をしている。さらに、奇妙な形をしているのも、目立たせて毒があることを鳥に警告するためである。さらに、ジャコウアゲハは幼虫時代に蓄積した毒成分を、成虫になっても大切に持ち続ける。

ジャコウアゲハは黒い羽に赤い斑点の目立った色をしている。こうしてジャコウアゲハは、自分が毒蝶であることを鳥に警告しているのである。

黒い色をしたアゲハチョウは多いが、ほとんどが林の中など薄暗いところを飛んでいる。暗い影では黒い色が目立たないからである。ところがジャコウアゲハは明るい場所を飛んでいる。ジャコウアゲハはむしろ、明るい日なたで目立つ色として黒色を選んでいるのである。

しかもジャコウアゲハは、黒色を鼓舞するかのようにひらひらとゆっくり飛ぶ。こうして、鳥に自分を認識させて間違って襲わないように警告しているのである。食べられるものなら、食べてみろということなのだ。鳥に襲われないようにと、身を隠してびくびくしている他の昆虫たちからしてみれば、うらやましい限りである。

そこで、毒を持っているわけでもないのに、ジャコウアゲハの姿だけをまねて身を守ろうとする輩も現れた。クロアゲハやオナガアゲハなどの黒いアゲハチョウは、ジャコウアゲハとそっくりな姿をしている。これらのアゲハチョウは、姿かたちだけでなく、飛び方までジャコウアゲハに似せている念の入れようである。チョウだけではない、アゲハモドキという虫は、あろうことか蛾の仲間であるにもかかわらず、ジャコウアゲハに似た姿をしている。

昆虫界では、鳥を恐れぬジャコウアゲハは、うらめしいどころかうらやましい羨望の的なのである。

26

モンシロチョウ

紋は黒いのに紋白蝶？

モンシロチョウは、白い羽に黒い紋がついている。黒い紋があるのに、どうして「紋白蝶」と呼ばれるのだろう。

もともとモンシロチョウは、黒い紋のある白いチョウなので、「紋黒白蝶」と呼ばれていた。ところが、この名前ではどうにもややこしいので略して紋白蝶と呼ばれるようになったのである。紋の色だけ見ると正確には「紋黒蝶」のほうが正しいようにも思えるが、それでは黒いチョウのように聞こえてしまう。じつは、「紋白蝶」は紋のある白い蝶という意味なのである。

紋白蝶に対して、同じシロチョウ科のチョウには紋黄蝶（モンキチョウ）もいる。これも、紋のある黄色い蝶という意味である。

チョウの羽の美しい色や模様は、鱗粉によるものである。鱗粉を取ってしまうと、モンシロチョウもモンキチョウも、トンボやハチと同じように羽が透明になってしまう。この鱗粉には、水をはじいて羽を保護するという大切な役割がある。

27　モンシロチョウ

美しい鱗粉は、じつは、さなぎのときに外に排出できない老廃物を再利用して作られたものだ。モンキチョウのように、チョウの中には黄色い色をした羽のチョウが多いのは、老廃物の中の尿酸によるものなのである。そういえば、モンシロチョウの羽の色も完全な白色ではなく、羽の裏側は少し黄色みがかっている。

春の暖かい日に、モンシロチョウが数匹、ひらひらと舞っている光景をよく見かけるが、これは、モンシロチョウのオスが、メスのチョウを追いかけて飛んでいるのである。二匹ではなく、数匹が飛んでいることも多いのは、一匹のメスを複数のオスが追いかけているためである。

しかし、不思議なことがある。カブトムシはオスに角があったり、アゲハチョウやシオカラトンボはオスとメスとで羽の模様や体の色が違うから、雌雄の見分けがつくのに対して、モンシロチョウはオスもメスもどちらも白い羽に黒い紋をつけた同じ羽の模様をしている。それなのに、どのようにしてモンシロチョウのオスはメスを認識しているのだろうか。

昆虫は人間には見えない紫外線域の光を見ることができるが、じつは紫外線で見るとモンシロチョウのオスとメスの違いは一目瞭然である。オスの羽は紫外線を吸収するのに対し、メスの羽は紫外線を反射する。そのため、紫外線で見ると、オスの羽は暗くて

目立たないのに、メスの羽は光を反射して明るく輝いて見えるのである。まるでアイドルのようにまぶしく光り輝くメスを見つけると、オスのチョウはたまらなくなって追いかけてしまうのだろう。

モンシロチョウが飛ぶ姿は春の風物詩だが、その一方でモンシロチョウの幼虫であるアオムシは、キャベツなどのアブラナ科の野菜を食べる害虫である。モンシロチョウが舞うふるさとの風景も、農家の立場に立って見れば、憎らしい害虫が発生している風景なのだ。

今や季節の風物詩として、日本の春の風景になくてはならないモンシロチョウであるが、元をたどれば、モンシロチョウはヨーロッパ南部原産のチョウである。モンシロチョウは、古い時代に中国から伝えられた野菜などにくっついて日本にやってきたとされている。

モンシロチョウが外来生物であるのに対して、日本に古くからいた白いチョウがスジグロシロチョウである。

モンシロチョウがキャベツやアブラナなどを食べる野菜畑の害虫であるのに対して、スジグロシロチョウは、タネツケバナやイヌガラシなどアブラナ科の雑草を食べながら、木々の繁った薄暗い林のまわりなどに多く生息している。

スジグロシロチョウは、もともとの日本にあった森林に分布していたが、森林が畑に変えられていくにつれて、やがてモンシロチョウの生息地が広がるようになった。そのため、スジグロシロチョウはひっそりと残された林に身を寄せるようになったのである。

ところが、である。最近では都会を中心に、スジグロシロチョウが増えているという。畑が少なくなり、モンシロチョウの好きな日当たりの良い菜の花畑やキャベツ畑は、しだいに失われていった。その代わりにビルや建物が乱立し、スジグロシロチョウの好きな日陰の環境が増えてきているのである。

豊かな森は切り拓かれて農地に変わり、その後、広々とした農地はコンクリートで埋められて都市が造られた。のどかに飛んでいるように見える白いチョウもけっして楽ではない。彼らもまた、時代に翻弄されながら、現代を生き続けているのである。

ナナホシテントウ

カラフルな水玉の謎

小説『ダ・ヴィンチ・コード』では、フィボナッチ数列と呼ばれる数列が謎を解くカギとなる。フィボナッチ数列は、「1、2、3、5、8、13、21……」と続く数列である。一見、不規則に思えるこの数列は、1＋2＝3、2＋3＝5、3＋5＝8というように前の二つの数値を足した数が、次の数値になる。人間が勝手な理屈で作った数列にも思えるが、意外なことに、花びらの枚数や葉の付き方など、自然界にはフィボナッチ数列に従うものは多い。

それでは、次の数列の意味するものは何だろう。

「2、4、6、7、8、10、11、12、13、14、15、16、19、28」。

じつは、これはテントウムシの星の数である。フタホシテントウ、ヨツボシテントウ、ムツボシテントウ、ナナホシテントウ、ヤホシテントウ、トホシテントウ、クロジュウニホシテントウ、ジュウサンホシテントウ、シロジュウシホシテントウ、シロジュウゴ

ホシテントウ、ジュウロクホシテントウ、ジュウクホシテントウ、ニジュウヤホシテントウと、これらのテントウムシの名前には背中の星の数がつけられている。

なかでも最も有名なテントウムシはナナホシテントウだろう。ナナホシテントウは漢字では「七星天道」と書く。何か占星術を思わせるような、ミステリアスな名前である。

鮮やかな赤い体にちりばめられた水玉模様は、ブローチなど女性のアクセサリーのデザインとしてよく用いられる。

女性の中には虫が苦手という方も少なくないが、テントウムシだけは別のようだ。かわいらしいテントウムシはむしろ女性に好まれる。そういえば、結婚披露宴の定番ソングで、森の教会でサンバを踊ったのもカラフルなテントウムシたちだった。

テントウムシの名前は「天道虫」に由来する。天道は「お天道さま」というように、太陽のことである。テントウムシは、草の茎などを上へ上へと上っては、てっぺんで羽を広げて、太陽に向かって飛んでいく。そのため、天道虫と呼ばれたのである。

テントウムシは、ヨーロッパでも古くから神聖な虫とされてきた。英語ではレディバード、貴婦人の鳥と呼ばれている。レディバードのレディは、もともとは聖母マリアを意味していた。ナナホシテントウの赤い体は聖母マリアの赤い着衣を表している。そして、七つの星は、聖母マリアの七つの悲しみを背負っていると言われたのである。

ダ・ヴィンチ・コードが意味を秘めていたように、ナナホシテントウの七つの星にも隠された意味がある。赤と黒のカラフルな模様が意味するものとは、何なのだろうか。

テントウムシをつかまえると、脚の付け根から黄色くて臭い汁を出して身を守る。この臭い汁のおかげで、天敵の鳥もテントウムシを嫌うのだ。テントウムシの不味さを覚えた鳥は、二度とこの臭い虫を襲わなくなる。そのため、テントウムシは鳥たちによく目立つ色合いで、さらに、覚えやすいようなわかりやすいデザインの模様をしているのである。

赤色と黒色は色相環の中で相対する色の組み合わせなので、お互いの色を際立たせる。まさに、黒と赤色の組み合わせは理屈にかなった配色なのである。

多くの虫たちは鳥に見つからないように、草や木と同じ色の保護色で目立たないようにして身を守っている。しかし、テントウムシが目立たない色をしていると、誤って鳥に食べられてしまう恐れもある。そこで、わざわざ目立たせて、自分は不味い虫だから食べないようにと警告しているのである。

これがテントウムシの星が示す意味である。

鳥に嫌われるための水玉模様が、まさか人間の女性にこんなにも好まれるとは、お天道様でも思いもつかなかったに違いない。

ニジュウヤホシテントウ

草食系は嫌われる？

最近では、おとなしい男性をつかまえて「草食系男子」という。確かに「草食」はおとなしいイメージがある。

ライオンやトラなど肉食の動物は、獰猛なイメージがあるのに対して、シマウマやキリンなど草食の動物はおとなしいイメージがある。恐竜でも肉食のティラノサウルスは凶暴なのに対して、ブロントサウルスやトリケラトプスのように草食の恐竜はやさしい感じがするだろう。

それなのに、テントウムシの世界だけは違う。肉食のテントウムシの方は誰からも愛されるのに対して、草食のテントウムシはずいぶんと忌み嫌われているから、不思議なものだ。

星の数が二十八もあるニジュウヤホシテントウは、代表的な草食のテントウムシである。

ナナホシテントウに代表される肉食のテントウムシは、獰猛で、アブラムシを襲ってはムシャムシャと食いあさる。ところが、テントウムシが餌として食べるアブラムシは害虫なので、肉食のテントウムシは害虫を退治する益虫とされているのだ。

これに対して、ニジュウヤホシテントウに代表される草食のテントウムシは葉っぱを食べるおとなしいテントウムシである。ところが、食べている葉っぱが、ナスやジャガイモなど人間が大切に育てている野菜の葉っぱなので、害虫とされてしまっているのである。

同じテントウムシなのに肉食と草食があるというのは、何とも不思議な気がする。もともとテントウムシの祖先はカイガラムシを食べていたが、そこからアブラムシを食べるテントウムシと、植物を食べるテントウムシが進化したと考えられている。

どうやら人間が考えるほど、生物は肉食と草食とをきっちりと分けているわけではないようだ。たとえば、ガラパゴス諸島の島々で独自の進化を遂げたダーウィン・フィンチは、島の特徴にあわせて昆虫食のものや、サボテンの実を食べる植物食のものがいる。それぞれが、環境にあわせて、採取しやすい餌を選んで進化しているのだろう。

肉食か草食かの区別にこだわって、同じヒトという種なのに、肉食系と草食系を分けている人間の方が、生き物たちからみれば、よっぽとおかしな生き物なのかもしれない。

一般に肉食の生き物は、獲物を見つけて探しまわるが、草食の生き物は天敵から身を隠すためにじっと動かない傾向にある。草食系がおとなしいように見えるのは、それはそれなりに生き抜くための戦略なのだ。

草花の上をちょこまかと動き回っているナナホシテントウは、愛らしく見えるが、よく動くのはナナホシテントウが肉食だからである。しかし、活発なナナホシテントウが女性に愛されているのを見ると、やはり若い女性はおとなしい草食系を好まないようだ。事実、静かに平和を愛する菜食主義者の草食のテントウムシは、女性から見向きもされない。

肉食も草食も、天命に従って自分の餌を食べているだけなのに、自分の都合だけで、良い者扱いしたり、悪者扱いするのだから、人間というのは、何とも身勝手な生き物である。

草食のテントウムシは、背中が高く盛り上がって、ずんぐりと丸い体をしているのが特徴である。ニジュウヤホシテントウは丸々としていて、よく見るとなかなかかわいらしい。

植物は繊維質を多く含むので消化吸収に時間がかかる。そのため、草食のテントウムシは長い消化管を持っている。そして、この消化管を体の中に収めるために、草食のテントウムシは盛り上がった体をしているのである。

39　ニジュウヤホシテントウ

テントウムシは丸いイメージがあるが、ニジュウヤホシテントウと比べると、ナナホシテントウの体は横から見るとスマートで、いかにも敏捷な猛獣のような体をしている。

そういえば、日本人も伝統的に穀類や野菜を中心に食べてきた草食系の人種である。そのため日本人は、肉食を中心としてきた食生活の欧米人に比べて腸が長い。欧米人の腸の長さが平均で四メートルであるのに対して、日本人は、じつに七メートルもある。欧米人が、足が長くすらっとした体型をしているのに対して、日本人が胴長短足の体型をしているのは、この長い腸を胴体に収めるためである。

そして、肉食で血の気の多い欧米人からは、日本人はおとなしいと見くびられることも少なくない。ニジュウヤホシテントウは害虫だが、ずんぐりしたその姿からにじみ出る哀愁は、どこか私たち日本人には親近感が感じられるようにも思えるが、どうだろう。

イエバエ

ハエが手をする理由

やれ打つな蠅が手をする足をする　(小林一茶)

俳人、小林一茶が詠んだように、確かに、ハエを叩こうとすると、まるで懸命に命ごいをしているかのように、手をすり合わせているように見える。

ハエの足の先には細かい毛がたくさん生えているが、この毛が味覚のセンサーとなっていて、ハエは、餌に止まって足先で味を確認する。そのため、味覚の感度が鈍くならないように、常に手足をこすって汚れを落とし、足先の手入れをしているのである。

さらに、ハエの足の先には他にも大切な役割がある。

ハエは夜になると天井に止まって眠る。天井ばかりか、つるつるした窓ガラスにも平気で止まっている。ハエを見ていると、まるで重力がないかのようである。どうしてハエは、どこにでも平気で止まることができるのだろうか。

ハエの足先の毛からは、粘着力の強い分泌液が出ている。そのため、毛が吸盤のようになってハエの体を支えることができるのである。

ところが困ったことに、ハエの餌は人間の食べ物ばかりではない。この足先で糞便や生き物の屍体などの汚物をさんざんさわりまくった揚句に、食べ物を触って食中毒菌を媒介してしまう。そのため、ハエは昔から衛生害虫として嫌われてきたのである。

部屋の中をわがもの顔に飛び回るハエは、何ともうっとうしい存在である。

「五月蠅い」と書いて「うるさい」と読む。これは、かの文豪の夏目漱石の当て字だという。もともとは、騒がしいことを「五月蠅《さばえ》なす」と言った。

旧暦の五月は現在の六月である。確かに梅雨の頃になるとハエが飛び始める。変温動物であるハエは、気温が上がると活動が活発になり、二十二℃くらいでもっとも活発になる。ところが、夏になって気温がそれ以上に高くなると、逆に活動が鈍くなってしまうのである。そのため、旧暦の五月くらいのハエがもっとも活動が活発ということになる。やはり五月のハエは「五月蠅い」のだ。

ハエはブンブンという羽音がうるさいが、ハエは一秒間に二百回ものスピードで羽ばたく。そのため、ブーンという高い周波数のうるさい羽音を立てるのである。「ハエ」という名前は一説には「羽ふるえ」に由来するとも言われている。

昆虫は羽が四枚あるのが原則であるが、ハエは羽が二枚しかない。これは、羽を素早

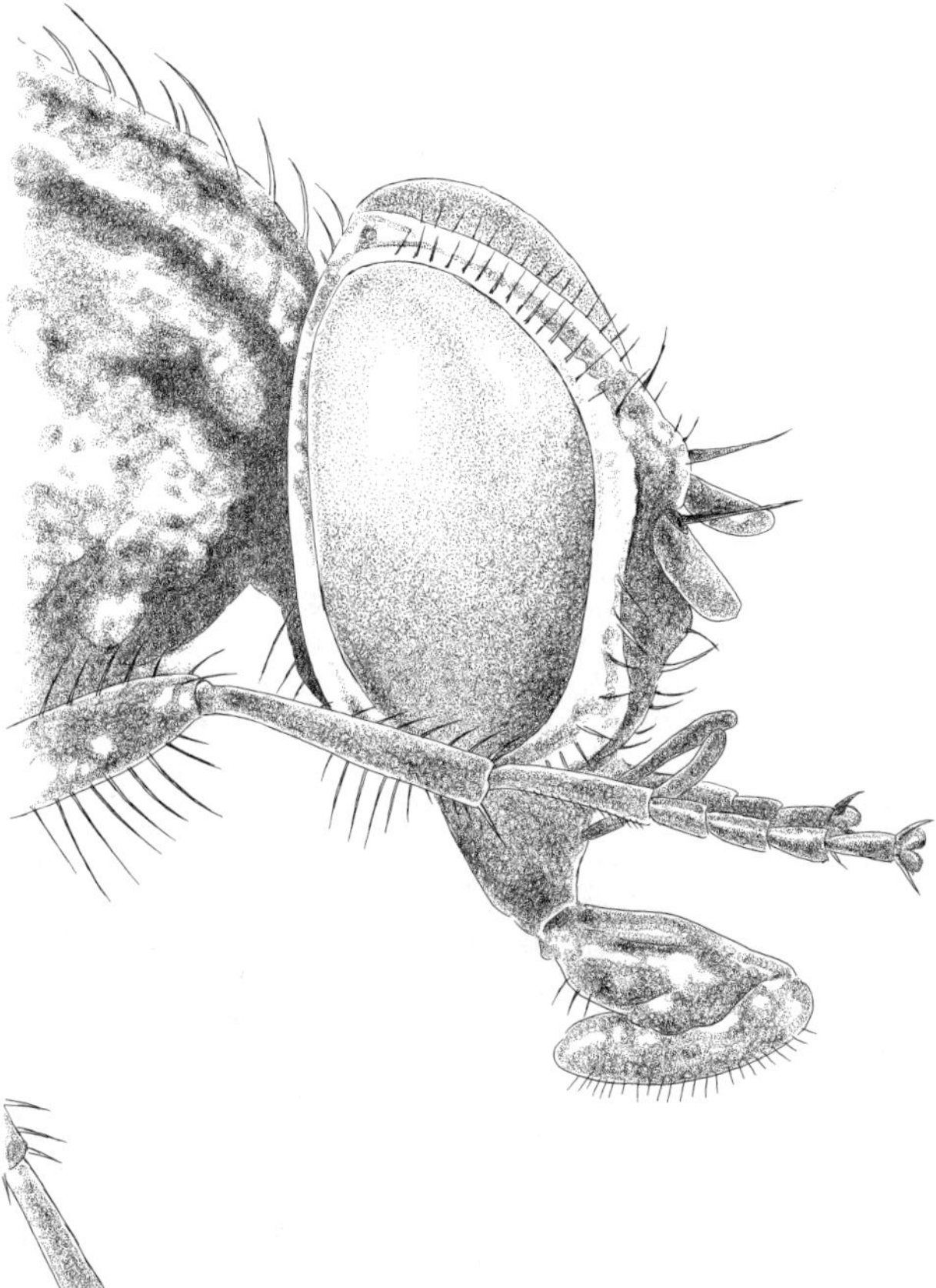

く動かせるように、後ろの二枚の羽が退化してしまっているのである。

さらに退化した後ろの羽は、飛行を安定させるジャイロスコープのような役割を果たしている。そのため、ハエは、宙返りしたり、急旋回したり、まるでアクロバット飛行のように自由自在に飛びまわることができるのである。

もっとも、うるさいくらい飛びまわっていたハエは夏の風物詩でもあったが、最近ではめっきり少なくなってしまった。蠅帳をかぶせたご飯のまわりを、ブンブン飛んでいたハエは、ありし日の昭和の食卓を思い出させて、何だかなつかしいような気さえしてしまう。

ハエは憎たらしい存在だが、ハエさえいない環境というのも、何だか空恐ろしい感じがする。もし、環境破壊によって人類の滅亡の危機が近づいているとしたら、命乞いをしなければならないのは、私たち人間の方なのかもしれないのだ。

ウンカ

武将の怨念

源平の争乱で活躍した武将の斎藤実盛は、「この戦こそわが最期」と死を覚悟して臨んだ木曾義仲軍との戦いで、乗っていた馬が稲株につまずいてしまったために、無残にも討ち取られてしまった。このとき実盛は「亡霊必ず悪虫と変じ、五穀の成就を妨げん」と言い残したという。

そして、実盛の無念はその言葉のとおり、虫に姿を変え、自分を死に追いやったイネに危害を与えるようになったとされている。実盛が姿を変えたこの虫は「実盛虫」と人々に呼ばれている。

この実盛虫の正体が、ウンカである。ウンカは小さなセミのような虫で、イネを吸汁する水田の大害虫である。そして、大発生してはイネを枯らせてしまったり、イネの病気を媒介してしまうのである。水田で見られるウンカには、主にセジロウンカ、トビイロウンカ、ヒメトビウンカの三種類がいる。

ウンカは雨上がりのある日、忽然と姿を現す。その神出鬼没さに、人々はウンカを黄泉の国から現れた武将の怨念と恐れたのだろう。

しかし、ウンカが突然、現れるのには、理由がある。

じつは、ウンカははるか中国大陸や東南アジアで発生する。そして、梅雨の頃に上空五百〜三千メートルの高さを吹く下層ジェット気流という風の流れに乗って、梅雨前線の低気圧と一緒に、大陸から日本にやってくるのである。

わずか五ミリにも満たないような小さな虫が、海を越えて飛んでくるとは、昔の人々は思いもよらなかったことだろう。そして、ある日突然、大量に現れたウンカを見て、実盛公の呪いと恐れおののいたのである。

農薬のなかった昔は、ウンカの出現は稲作にとって重要な問題であった。そこで人々は、初夏になると松明を焚いて、鐘や太鼓を打ち鳴らして歩き、村の境の外まで害虫を送り捨てたのである。この行事は「虫送り」と言われている。虫送りは、害虫退散と豊作を祈願する季節行事であったが、ウンカなどの害虫は火に集まって焼け死ぬので、ウンカを駆除する実利的な意味もあったと考えられている。

そして地域によっては、この行事を「実盛祭り」と呼んで、実盛のわら人形を作って村はずれまで運び、焼き捨てたり、川へ流したりしている。

しかし、不思議である。怨念を鎮めるためには、実盛を祀り供養すればいいようなも

47　ウンカ

のだが、毎年、焼き捨てられていては実盛の怨念は深まるばかりである。おそらく、実際には実盛の怨念があったわけではなく、初めに害虫駆除の行事があって、後に実盛の伝説が結びついたのだろう。それでは、どうしてウンカが実盛虫と呼ばれるようになったのだろうか。

ウンカはよく見ると、烏帽子をかぶって甲冑をつけたような姿をしている。このため、昔の人は武将を連想したのかもしれない。また、ウンカの背中には実盛の顔が浮かび上がっているとも言われている。確かに、ウンカの背中には複雑な模様があって、武将の怨霊の顔に見えなくもない。

それにしても無念に死んだ武将はたくさんいる中で、どうして斎藤実盛が害虫になったのだろう。

これは、斎藤実盛の苗字や名前に「さ」の文字がつくことと無関係ではないだろう。

稲作には「さ」のつく言葉が多い。イネの苗は「早苗《さなえ》」だし、田植えをする女性は「早乙女《さおとめ》」である。そして、田植えをする月が「皐月《さつき》」であり、田植えの時期の恵みの雨が「五月雨《さみだれ》」であった。

「さ」は、田んぼの神様の稲魂を意味する言葉なのである。

田植えのときには、神様が下りてくるので「さおり」というお祝いで神様を迎え、田植えが終わると「さのぼり（または、さなぶり）」で神様を送った。そして、春になると稲魂が山から里へと降りてきて腰をかけたのが、サクラの木である。サクラは、田んぼの神様「さ」が座るところ「くら」という意味から名づけられたのである。

一説には、「さのぼり」が訛って「さねもり」になったとも言われている。あるいは、「さ」のつく他の言葉が、「さねもりまつり」や「さねもりむし」になったとも考えられる。

そうだとすれば、何という濡れ衣だろう。実盛には何とも迷惑な話である。害虫扱いされて嫌われ続けている実盛の霊は、当分浮かばれないことだろう。

アメンボ

忍者もかなわない

忍者が水の上を走る道具に「水ぐも」がある。水ぐもは、下駄の周囲に木製の浮きをつけたもので、それを履いて水面を歩くように進んだとされるものである。ただ、伝えられている水ぐもの大きさでは、浮力が足りず、人が乗ると浮くことができない。そのため、水ぐもが実際にはどのような道具で、忍者がどのようにして水の上を進んだのかは、定かではない。一説には浮き輪のように体につけて、音を立てて泳ぐことなく水の上を進むような道具だったとも考えられている。

この「水ぐも」というのは、アメンボの別名である。結局、水の上を歩くことのできなかった忍者をよそに、アメンボはすいすいと水の上を滑っている。

それにしても、修行を積んだ忍者でさえも不可能だったのに、アメンボはどのようにして水の上を進むのだろうか。

アメンボの脚の先には、細かい毛がたくさん生えている。この毛が水をはじくため、水面の表面張力によって、アメンボは水の上に浮くことができるのである。また、毛と

51　アメンボ

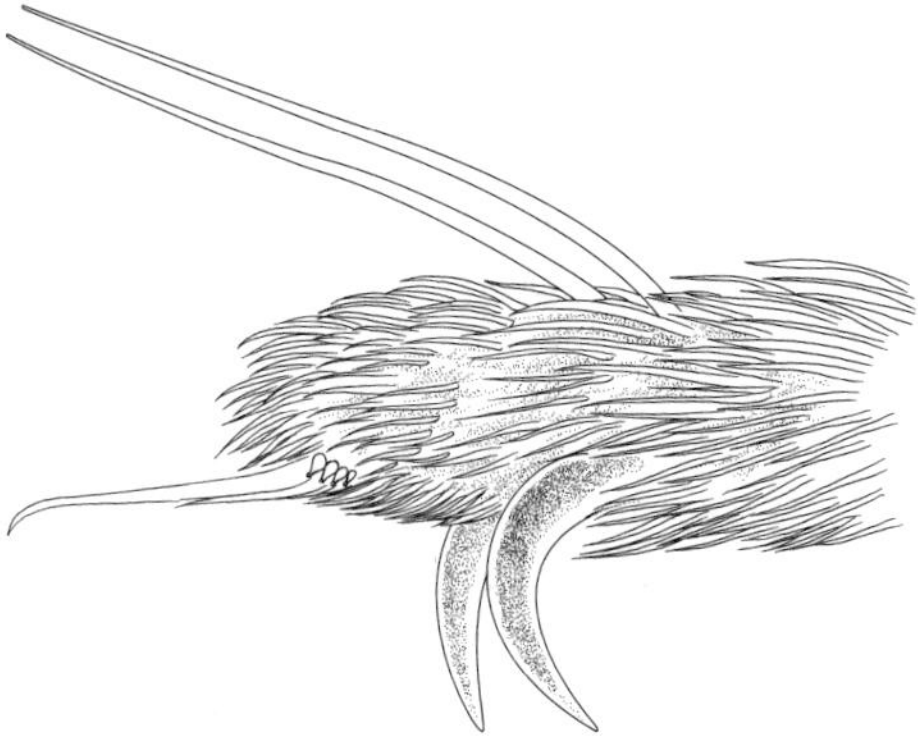

毛の間には空気が含まれていて、水をはじく力を強めている。

さらに、脚の先からは水をはじくワックスが分泌されていて、水にぬれにくくなっている。小さな虫でさえ、水の上を歩くためには、これだけの装備を用意しているのである。忍者といえど、簡単に水の上は走れなかったはずである。

ところが、上には上がいる。アメンボは水の上をすべるが、田んぼなどで見られるハシリグモは、その名のとおり水を蹴りながら水面を走る。

水の上を歩く方法というと、古来より、右脚が沈む前に左脚を出し、左脚が沈む前に右脚を出すという笑い話が伝えられているが、もちろんそんな方法ではない。

ハシリグモもアメンボと同じように足先の細かな毛が水をはじくので、水面を走ることができるのである。それだけではない。さらに、敵に襲われるとハシリグモは空気の膜を張って水中にもぐってしまう。空気の層が光を反射して銀色に光るため、クモの姿はまったく見えなくなってしまう。水の上を走るばかりか、水とんの術まで身につけているのである。小さな虫の世界は、まさに忍者顔負けの猛者だらけである。

ハシリグモは、移動したり、敵から逃れるために時々、水の上を走るが、アメンボは四六時中もっぱら水面の上で過ごす水上生活者である。

アメンボは水面をパトロールしながら餌を探している。そして、水面に虫が落ちて暴れると、その水の振動を脚の先の毛で感じ取って、落ちた虫を捕らえて食べるのである。

　昆虫は脚が六本あるはずだが、水面を泳ぐアメンボを見ると脚が四本しかないように見える。じつはアメンボは、二本の前脚をカマキリの鎌のように折りたたんでいて、この前脚で水面に落ちた虫を捕らえるのである。

　雨の日の水たまりなどでよく見かけるため、アメンボの名前はいかにもふさわしいようにも思えるが、アメンボの「アメ」は雨ではない。アメンボの名前は「飴ん坊」に由来している。

　アメンボをつかまえると、独特のにおいがする。このにおいが、こげたべっこう飴に似ていることから「飴ん坊」と名づけられたのである。

　じつは、アメンボはカメムシの仲間である。そのため、カメムシが臭いにおいを出すのと同じように、体からにおいを出す。このにおいが飴のようなにおいがするのである。人間には甘く感じられるにおいだが、魚はこのにおいを嫌う。アメンボの飴のようなにおいも、しっかりと身を守るのに役立っているのである。

　アメンボの方言には水神様という呼び名もある。アメンボは水があるところには、必ず現れる。その代わり、水が枯れそうになると羽を広げて別の場所に飛んで行ってしまう。そんなアメンボの姿が水を守る存在に思われたのだろうか。

水の表面張力によって水に浮かんでいるアメンボは、洗剤などの界面活性剤で表面張力が失われると浮くことができなくなって溺れてしまう。そのため、生活排水の多い汚れた水ではアメンボは暮らすことができない。

水面にアメンボが浮かんでいるということは、きれいな水が豊富にあるという証拠でもある。やはりアメンボは確かな水の恵みを教えてくれる水神様なのである。

ゲンジボタル

――ホタルの光は何のため？

夏の夜を幻想的に彩るホタル。ホタルが光るのは、オスがメスにプロポーズをするためである。

ホタルが舞う夜は、ホタルたちにとっても恋の花が咲くロマンチックな夜なのである。ところが、である。不思議なことに、じつは大人のホタルばかりでなく、ホタルは、さなぎや幼虫も光る。まさか、大人の恋にあこがれているのだろうか。しかも、おませな幼虫だけならまだしも、卵まで光るから驚きである。どうして大人のプロポーズの言葉である光を、幼虫や卵までもが用いるのだろうか。

じつはホタルの光は、もともと外敵を威嚇して身を守るためのものであると考えられている。そのため、卵や幼虫も光を放って身を守るのである。その証拠に幼虫を刺激すると、強く光を発する。こうして光を放って敵を驚かせるのである。

しかし、謎は残る。

光で威嚇するといっても、闇夜に光れば、目立って自分の居場所を外敵に知らせてしまうことになる。他の昆虫たちはどれも敵から逃れるために身を隠しているのに、自ら光ることは、居場所を明らかにすることにならないだろうか。

目立たせて身を守る昆虫は他にもいる。たとえば三五ページで紹介したように、テントウムシはカラフルな模様で目立たせている。これは、テントウムシは毒で身を守っているので、誤って食べられないように、食べるとまずいということを鳥に警告しているのである。

同じようにホタルの幼虫も、毒を持っている。そのため、目立たないように隠れて誤って食べられてしまうよりも、自ら目立たせて警戒させる方が、敵を避けることができる。そのために、ホタルは自らを目立たせる光を発するようになったと考えられている。

このように、ホタルの光は、もともとは身を守るための防御手段であったのだが、やがてその光を利用して、大人のホタルたちが愛の語らいをするようになったのである。

それにしてもホタルは、どのようにしてオスとメスとが愛を語り合っているのだろう。何しろホタルの光信号は光ったり消えたりと点滅するだけの単純な信号である。何より暗闇で光ったり消えたりしているだけでは、どれがオスで、どれがメスかもわからない。

日本で主に見られるホタルはゲンジボタルとヘイケボタルだが、ヘイケボタルはオス

57　ゲンジボタル

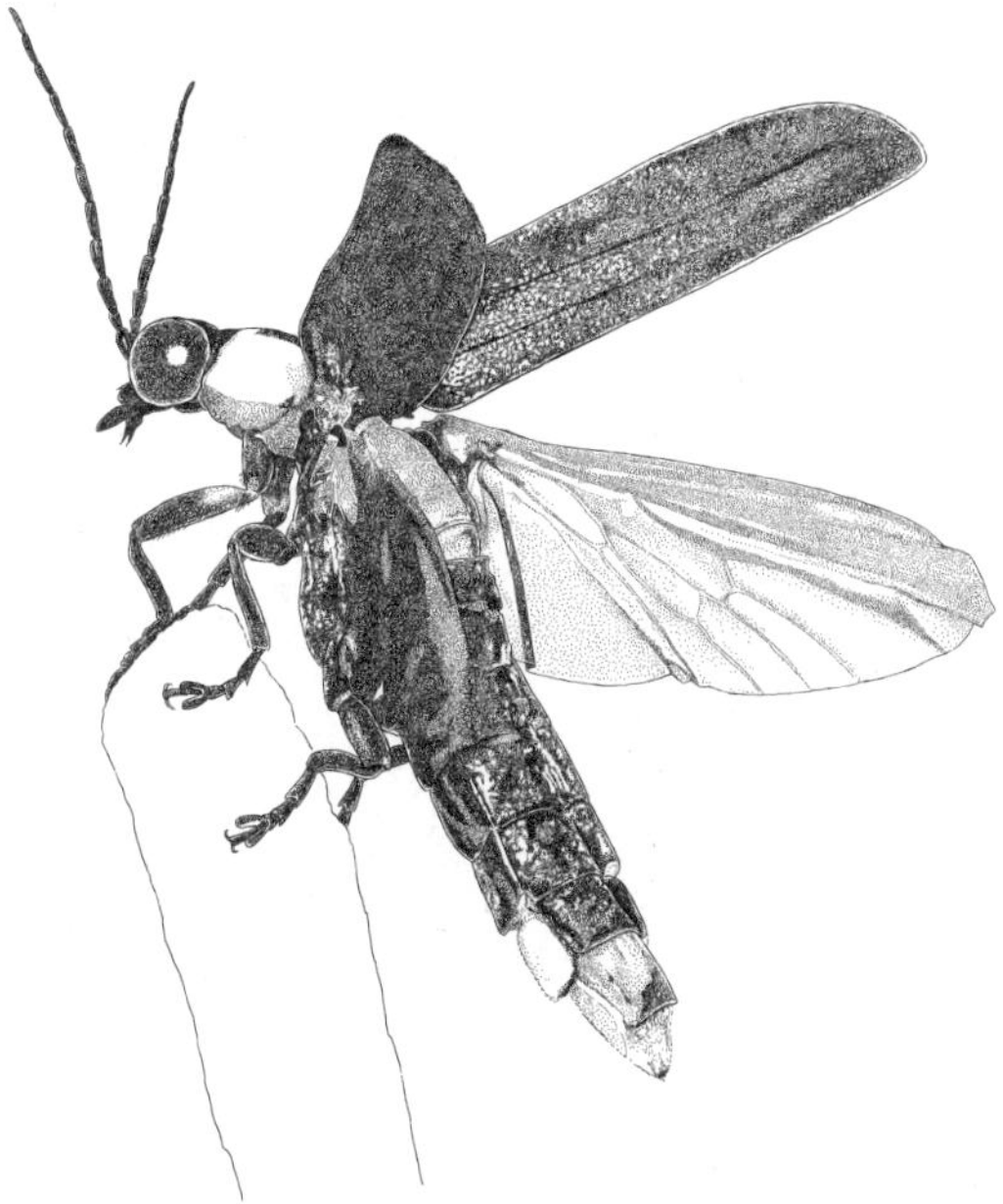

とメスの識別が可能なように、オスとメスで発光パターンを変えている。ヘイケボタルの場合は、オスは〇・五秒間隔で発光するのに対して、メスは草の上に止まって一秒間隔で発光する。この発光パターンの違いによってオスはメスを見つけるのである。

ところが、ゲンジボタルは大発生して大きな群れを作るために、オスとメスの微妙な発光パターンの違いはわかりにくい。そこでゲンジボタルは別の方法でメスを見つけている。

ゲンジボタルのオスは群れを作って飛びながら、しだいに発光を同調させて、一斉に点滅を繰り返すようになる。これに対してメスはオスの発光と同調しない。そのため、オスの点滅が一斉に消えた時に、光を放っているのがメスということになる。こうしてオスは草の上にいるメスを見つけるのである。

ヘイケボタルもゲンジボタルもメスを見つけたオスは、メスにアプローチを掛けるためにメスを目がけて降りてくる。このようすが「火垂れる」と呼ばれるようになり、この言葉が「火垂る（ホタル）」の語源となったとされている。

そして、メスの近くに降り立ったオスはメスに近づくと、瞬くように発光する。もしメスが受け入れるようであれば、メスも発光頻度を高めて、オスとメスとは発光を同調させていく。その後、オスとメスとがどうなるのかを詮索するのは野暮というものだろう。

しかし何が気に入らないのか、オスのアプローチをメスが拒否することもある。オスはどうやってアプローチをするメスを決めているのか、またメスはどうやってパートナーとなるべきオスを決めるのか、不思議であるが、ホタルの世界も好みというものがあるのだろう。しかし、それを決めているのが光の点滅のフィーリングだけなのだから、まったく人間には理解できない恋の世界である。もっとも、人間でも、惚れたはれたの好みは他人にはまったく理解できないのだから、ホタルの好みを我々が理解できないのは、まぁ無理もない話だろう。

アブラゼミ

セミの命は短いか?

夏になると一斉にセミが鳴き出す。セミの声は、夏らしい風物詩であると同時に、ジリジリとした夏の日をより暑くさせるものでもある。

セミの腹の中には、鳴筋という筋肉があり、一秒間に百回というスピードで伸縮を繰り返す。この動きに連動して発振膜が動いて、音を出すのである。さらにセミは、お腹の中が空洞の共鳴室になっており、この共鳴室で音が拡大されて、大きなセミの鳴き声となる。

もっともセミが鳴くのは、オスがメスを呼び寄せるためなので、鳴くのはオスのセミだけである。メスのお腹の中には、共鳴室の代わりに、卵を産むための卵巣が詰まっている。

ところで、セミの命は短い、とよく言われるが、これは本当だろうか。

確かにセミは、成虫になると一～二週間程度しか生きることができない。しかし、考えてみれば成虫になるまでに、土の中で何年も過ごしているのである。

チョウやトンボ、カブトムシなどの昆虫の多くは、卵から短い期間で成虫に成長し、ほとんどが数カ月から一年以内にその生涯を閉じる。そう考えると、何年も土の中にいるセミは、昆虫の中では相当に長生きなのである。

日本の代表的なセミに、アブラゼミがいる。アブラゼミは約六年もの間、地中生活を送っていることが知られている。幼稚園児くらいの子どもがセミ取りをしていたとすれば、つかまったセミは、つかまえた子どもよりも明らかに年上の存在ということなのだ。

セミの幼虫期間が長いのは、餌に含まれる栄養分が少ないためである。植物の茎の中には、根で吸い上げた水を葉に運ぶ導管と、葉で作られた栄養分を運ぶ篩管とがあるが、セミは、水を運ぶ導管から汁を吸っている。導管の中は根で吸った水に含まれるわずかな栄養分しかないので、成長するのに時間が掛かるのである。

それでは、セミはどうして栄養分の豊富な篩管から汁を吸わないのだろうか。この理由は明確ではないが、篩管は糖分などの養分は豊富なものの、必須アミノ酸などの養分が不足するためであるとも考えられている。

一方、栄養豊富な篩管から汁を吸う虫もいる。アブラムシは必須アミノ酸を合成する共生菌を体内に持っているため、栄養分の豊富な篩管から汁を吸っている。その代わり、篩管液を餌にしているアブラムシは、生まれて一週間程度で成虫になり、十日余りで一生を終えてしまう。虫の世界も人間と同じく長寿の秘密は、粗食にあるようだ。

それにしても、名前がよく似たアブラゼミとアブラムシとが、まったく逆の生き方を選択しているのがおもしろい。

セミは生育期間の長い幼虫は導管液を吸っているが、余命が短く、飛んだり、卵を産むのにエネルギーを必要とする成虫は、効率よく栄養を補給するために栄養豊富な篩管液を吸っている。ただ、篩管液も多くは水分なので、栄養分を摂取するためには大量に吸わなければならない。そして、余分な水分をおしっことして体外に排出するのである。子どもがセミ捕り網を近づけると、セミはあわてて飛び立とうと羽の筋肉を動かし、体内のおしっこが押し出される。これが、セミ捕りのときによく顔にかけられたセミのおしっこの正体である。

粗食で長生きのアブラゼミであるが、その姿はいかにも摂取カロリーが高そうである。羽の色は日に焼けたように脂ぎっているし、鳴く声も脂ぎっていて暑苦しい。アブラゼミの名前は油紙のような茶色い羽をしていることに由来しているという説と、「ジイジイ」という鳴き声が油ものを揚げる時の音に似ていることから名づけられたという説とがある。

セミは世界に約三千種が知られているが、ほとんどのセミは羽の色が透明で、アブラ

63　アブラゼミ

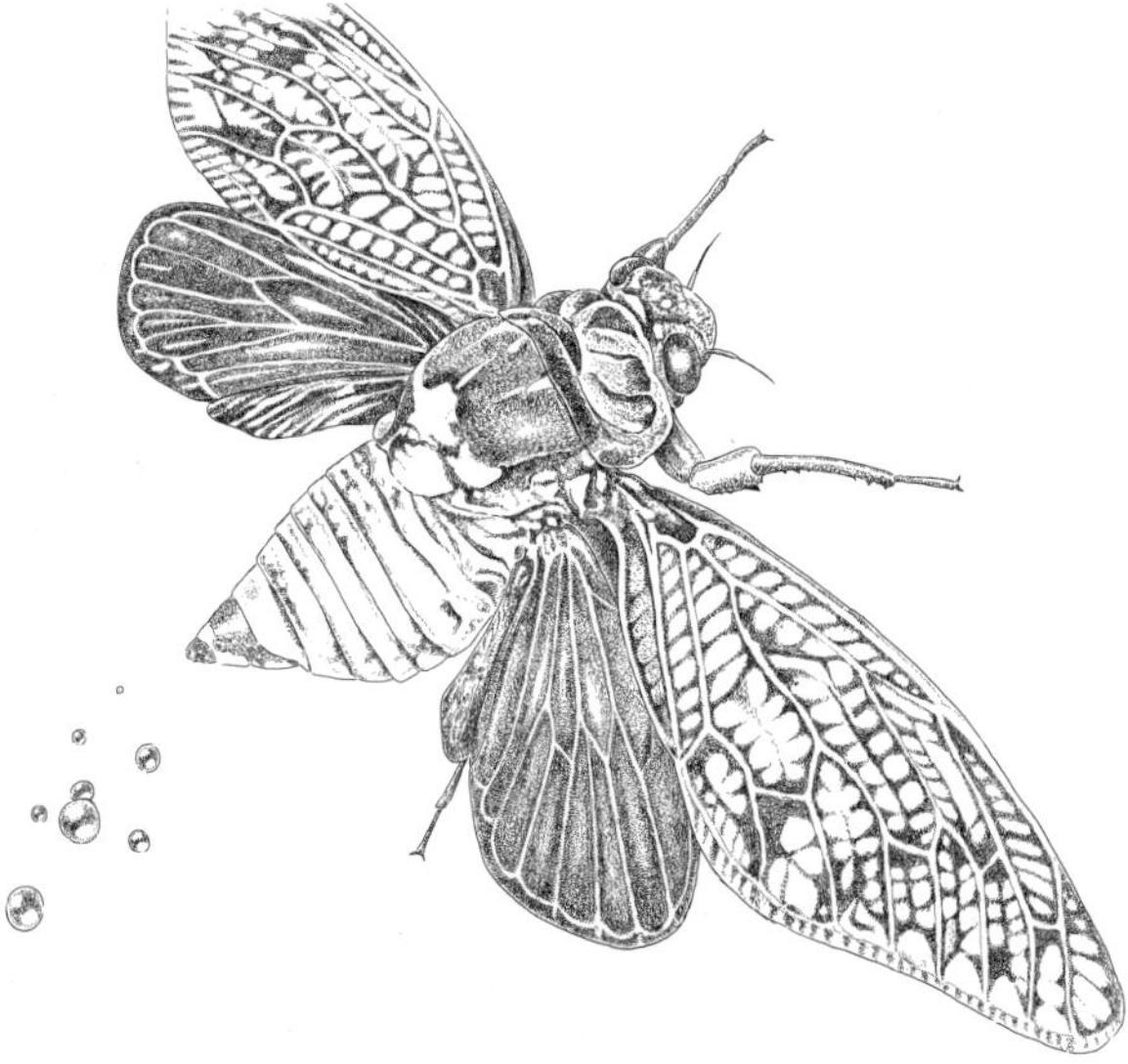

ゼミのように、羽に色のついたセミは珍しい。

昔はよく見られたアブラゼミであるが、最近ではだんだんと少なくなってきているという。東京ではアブラゼミに代わってミンミンゼミが増えてきているし、大阪ではアブラゼミの代わりにクマゼミが台頭している。アブラゼミが減少している理由は明らかではないが、アブラゼミはやや湿った場所を好むため、都市部の乾燥化によって減少しているという説や、都市公園や街路樹に見られる樹木が、アブラゼミに合わないためとも言われている。

世界に誇る日本のアブラゼミが姿を消していくのは、何とも寂しいものである。

アワフキムシ

バブルな生活

草の茎に、誰かが唾を吐きかけたように、白い泡がべったりと付いていることがある。これは「ヘビのつば」や「カエルのしょんべん」と呼ばれているが、この正体は虫である。

じつは、この泡の中を見てみると小さな虫が出てくるのである。この虫の正体はアワフキムシの幼虫である。唾のように見えた泡は、アワフキムシの幼虫が外敵から身を隠すために作り上げた泡状の巣だったのである。アワフキムシは、「泡吹き虫」の意味である。

アワフキムシはセミに近い仲間で、その姿はセミをごく小さくしたような形である。最もよく見られるシロオビアワフキは、ニイニイゼミとよく似た姿をしている。

アワフキムシの巣は、はき捨てた唾のようにも見えるので、出てきた虫はツバキムシの別名もある。また、この虫はお尻が赤いので、古くはホタルの幼虫だと信じられており、白い泡は「ホタルのお宿」と呼ばれてきた。

このアワフキムシの泡は、おしっこで作られている。

アブラゼミの項（六一ページ）で紹介したように、植物の茎の中には、根で吸い上げた水を葉に運ぶ導管と、葉で作られた栄養分を運ぶ篩管とがあり、セミの幼虫は栄養分の少ない導管から汁を吸っている。そして、アワフキムシの幼虫もセミの幼虫と同じように茎に口を刺して導管から栄養分を吸っているのである。

しかし、導管液は水に含まれるわずかな栄養分しかないため、栄養を得るためには、大量に導管液を吸わなければならない。そして、アワフキムシは導管液を大量に吸い取り、いらなくなった導管液をおしっことして排出していく。アワフキムシの巣は、この大量のおしっこを原料として作られているのである。

アワフキムシの幼虫は、おしっこに分泌液を混ぜたものを、お腹の中の空気といっしょに排出して、泡を作っていく。そして、幼虫は成虫になるまでの間をずっと、この泡の中で暮らすのである。そして、セミが地面から出てくるように、アワフキムシも泡から出てきて成虫になり、飛び立つのである。

おしっこで作ったアワフキムシの泡はやわらかそうで、何とも頼りないような気がするが、ろう物質と繊維状たんぱく質が含まれているので、見た目よりはずっと丈夫な構造になっている。雨が降ったり、乾燥したりしても、石鹸の泡のように壊れることはけ

67　アワフキムシ

っしてない。簡単にはじけてしまった人間社会のバブルとは違うのである。

ところで、古くから、全国各地に、晴れた日でも雨を降らすという不思議な木の存在が言い伝えられている。どうして、このような奇妙な伝説が各地に残されているのだろうか。

じつは、この伝説の正体こそがアワフキムシであると考えられている。アワフキムシの幼虫が作った巣から、液がしたたり落ちたものが、雨が降っていると思われたのだ。

風流な雨の木の正体が、木の上からの虫のおしっこだったとは、古人は思いもつかなかったに違いない。

オトシブミ

長い首の理由

片思いの人の前で、さりげなくラブレターを落とし、意中の人に読んでもらう。かつて、こんなロマンチックな告白方法があった。このラブレターは落とした手紙という意味で「落とし文」と言われる。昔の人は憧れの人を思いながら、力をこめて文をしたためたことだろう。

自然界にも「落とし文」と呼ばれるものがあるが、これも相当に力がこもっている。

葉っぱを巻いた巻き物のような落とし文は、昔は鳥が作ったものと考えられていて、「ホトトギスの落文《おとしぶみ》」や「カッコウの玉章《たまずさ》」と呼ばれていた。ところが、この落とし文を作る主は、実際には小さな昆虫である。「落とし文」を作ることから、昆虫の名前もそのままオトシブミと名付けられている。

小さな虫にとって葉っぱを巻いて落とし文を作るのには、相当に力を必要とするのだろう。オトシブミのメスは、まるで漫画のポパイの力こぶを思わせるような筋肉隆々の力強い前脚をしている。

もっともオトシブミの作った落とし文は、誰かに読んでもらうわけではない。その中に卵が産みつけられている。そして、葉っぱを巻いた落とし文の中で幼虫は葉っぱを少しずつ食べながら育つ。つまり、落とし文は、卵や幼虫を守るシェルターになるのと同時に、食糧倉庫ともなっているのである。言わば、「落とし文」は、幼虫が育つゆりかごなのだ。そして、オトシブミの幼虫はゆりかごの中でさなぎとなり、成虫になって外に出てくるのである。

オトシブミはキリンのように長い首をしている。キリンの首は高い木の葉を食べるためのものだが、どうしてオトシブミの首は長いのだろう。

オトシブミのゆりかごは、葉を巻いて作られる。一センチにも満たない小さな虫が葉を巻いてゆりかごを作るのは、どんなに大変なことだろう。花見の宴会の片づけを幹事が一人でやらされて、一面に敷き詰められた巨大なブルーシートを一人でたたむことを想像すれば、オトシブミの苦労がわかるだろう。この大変な作業を葉っぱにつかまりながら行うのだから、手足だけではなく、口を上手につかわなければならない。そのため、口で作業をするために、長くて器用に動く首を発達させたのである。

「落とし文」の作り方を見てみよう。

オトシブミのメスは、初めに口で葉を噛みきって、左右から切れ込みを入れていく。

71　オトシブミ

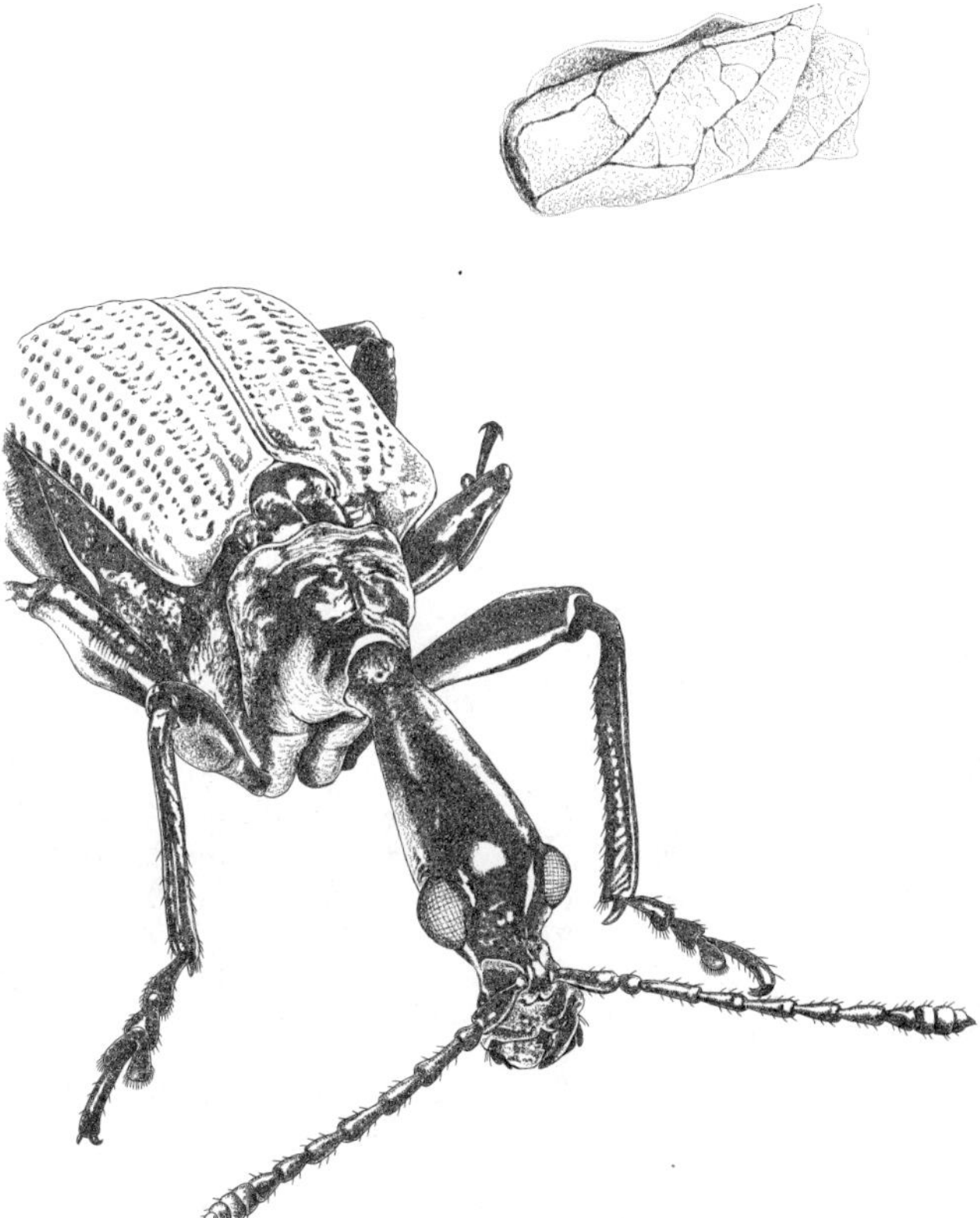

このときに、真ん中の太い葉脈を残しておくように気をつけなければならない。すべて嚙み切ってしまうと、葉の上にいるオトシブミもろとも地面に落ちてしまうからである。もちろん、職人であるオトシブミが、そんなへまをするようなことはない。

オトシブミは、葉を切り落とさないように気をつけながら、軽く葉脈を嚙む。こうすることで、葉への水分の供給を遮断して葉をしおれさせるのである。葉がしなってやわらかくなったら、左右から二つ折りにして、葉の先端から葉をくるくると巻きあげていく。そして、巻きあげる途中に卵を一粒産みつけるのである。その後、再び巻きあげて、最後まで巻き終わったら両側を内側に折り込んでふたをする。これで見事な落とし文の完成である。

何という手の込んだ職人技なのだろう。誰に教わったわけでもないのに、どうしてオトシブミはこんな複雑な工程をこなすことができるのだろう。そもそも、オトシブミの祖先は、どうやってこんな工程を考え出したのだろう。考えれば考えるほど不思議である。

オトシブミにはさまざまな種類があり、種類によってはオトシブミを枝にぶらさげたままでいるものと、最後の仕上げに切り落として地面に落とすものとがある。いずれにしても卵を一つ産むために、これだけの作業をするのだから、オトシブミのお母さんは大変である。

ところが、である。オトシブミはゆりかごを作らないオスの方が、ゆりかごを作るメスよりも首が長い。これは、どうしてだろうか。

オスはメスを奪って争うが、その戦いは変わっている。オスは体を立てて、首を伸ばし、触角を伸ばして、体を大きく見せる。こうして、互いに背比べをするのである。何という平和的な戦いなのだろう。この勝負のルールのために、オスは無用とも言えるほど首を長く発達させているのである。

オスのオトシブミは、ゆりかごを作るメスと交尾をすると、他のオスがやってこないように、その場でメスの作業を見守っている。そして、ゆりかごを作るメスを手伝うわけでもなく、時には邪魔になりながら、じっとメスがゆりかごを作り終えるのを待っているのである。

メスがゆりかごを作り終えるまでには一～二時間はかかる。その間、オスはずっとメスの作業が終わるのを待っているのである。その姿は、まるで玄関でイライラしながら、奥さんが出掛ける準備をしているのを待っている旦那のようである。

しかし、手伝うことのできないオスは、「いつまで待たせるんだ」などという心無いことは言わない。ずっと首を長くして待ち続けているのである。

ゴキブリ

嫌われ者のヒーロー

「弾《たま》よりも早く、力は機関車よりも強く、高いビルもひとっ飛び」

かつて無敵のヒーロー、スーパーマンの高い能力はこう表現されていた。

こんなもの映画の中だけのフィクションと思ったら、そんなことはない。すごい能力を持つやつが、あなたの身近に実在する。

時速三〇〇キロメートルで走り、瞬発力も高く、わずか〇・五秒で危険を察知し、迫りくる敵を紙一重でかわす。忍者のように音もなくわずかな隙間に忍び込むこともできるし、スパイダーマンのように壁や天井を進むこともできる。もちろん、空を飛ぶこともできるし、不死身と称される肉体を持つ。

意外なことに、こんなにすごい無敵のヒーローが、みんなから嫌われている。

このヒーローこそがゴキブリである。もっとも、時速三〇〇キロメートルというのは、ゴキブリを人間と同じくらいの大きさに換算したときのスピードであるが、驚くべきスピードである。

スリッパで叩こうとしても、ゴキブリはいち早く察知して逃げてしまう。ゴキブリのお尻には、細かい毛が無数に生えた尾葉と呼ばれる感覚器官が伸びている。この尾葉の毛で、わずかな気流の変化を感じとるのである。

しかも昆虫の体は、人間のように大きな脳が情報を処理するのではなく、複数の小さな脳や神経中枢を体の節目に分散させて、体の各部位が条件反射的に反応できるようになっている。そのため、危険に対して極めて敏速に行動することができるのだ。

不気味なことにスリッパで叩かれて頭がなくなっても、ゴキブリは残った胴体で逃げていく。ヒーローにはふさわしくない不気味な能力ではあるが、これも、体を動かす命令系統が分散しているから、可能なのである。

驚くことに、ゴキブリは三億年以上も前の古生代から、今とほとんど変わらない姿で森の中を走り回っていた。古生代といえば、まだ、恐竜も存在していなかった昔である。何と、ゴキブリは恐竜よりも古くから地球上に存在していたのである。その後、恐竜時代を生き抜き、恐竜さえ絶滅させた地球環境の変動も乗り越えて生き抜いてきた。

ホモ・サピエンスと呼ばれる人類が現れたのは、およそ二十万年前のことだから、人類はゴキブリの千分の一にも満たない時間しか地球上に存在していないことになる。古参のゴキブリにしてみれば、昨日入ったばかりの新入社員のような存在なのである。

しかし、その人類はゴキブリの生活に少なからぬ変化をもたらした。人類の住居は、棲みやすい場所だったのである。新石器時代や縄文時代には、すでに人類と共にゴキブリは暮らしていたという。人類にとっては、ゴキブリとのつきあいは長い歴史があるが、ゴキブリにとっては、ごくごく最近のニュースなのかもしれない。

もっともすべてのゴキブリが人家で暮らせるわけではない。現在、日本にはゴキブリは四十種類ほどいるが、その中で人家に暮らしているのは主にヤマトゴキブリ、クロゴキブリ、チャバネゴキブリの三種だけで、他のゴキブリたちは今も森の中などで暮らしている。

シーラカンスやカブトガニなど、古代の姿をとどめている生物は「生きた化石」と呼ばれて大切にされているが、同じ「生きた化石」であるゴキブリは、あの手この手で退治されて、その扱いはあまりにもひどい。ゴキブリと同じく古生代から姿が変化していない昆虫には、シロアリやシミがいるが、シロアリも柱を食べて嫌われるし、シミも障子紙や本を食べてしまう。昆虫界の「生きた化石」は、どれも害虫なのだ。人間に嫌われて駆除されながらも人家で暮らすためには、三億年を生き抜く図太さが必要ということなのだろうか。

77　ゴキブリ

どんなに退治されても、ゴキブリは進化の過程ではずっと後輩の人間に負ける気がしないのだろう。人間がやっきになって、さまざまな退治法を考えだしても、しぶとく生き残る。最近では殺虫剤では死なない抵抗性のゴキブリも出現して、まるで人間の浅はかな科学技術を嘲笑っているかのようだ。

この生命力があったから、ゴキブリは環境が激変する地球に三億年もの長きにわたって君臨してきたのだ。

ゴキブリは放射線に対しても強い耐性を示すことから、核戦争で人類が滅んだ後の世界で生き残るのはゴキブリだと言われている。核ミサイルでも絶えないとは、何というしぶとさだろう。

どんなに科学が発達しても、ゴキブリに対して我々人類が持つ有効な武器は、唯一スリッパだけなのだ。

クロヤマアリ
――家族のはじまり

ギリシア神話に、女性だけの勇猛な部族が存在したと伝えられている。「アマゾネス」である。

ところが、私たちのごく身近にも、女性を中心とした「アマゾネスもびっくり」の部族がいる。アリである。

アリは女王蟻をトップとする女系社会で、働き蟻はもちろん、戦闘要員である兵隊蟻まで、働いているアリのすべては、メスのアリで構成されている。

働いているアリのすべて、と言ったのは、じつはオスのアリはいるにはいるのだが、まったく働かずにただ養ってもらっているからである。オスのアリはただ、女系社会の子孫を残すためだけに存在しているのだ。

一方、メスのアリは働き者で、せっせと忙しく働いている。

アリは集団を維持するためにその身を犠牲にすることをいとわない。働き蟻は仲間のために餌を運び、餌を分け与える。兵隊蟻は敵が襲ってくればその身を犠牲にして巣を守る。

それにしても、どうしてアリはこれほどまでに家族のために忠実に働くことができるのだろうか。ましてや働き蟻たちはメスだから、女王のために働くよりも、自分で子孫を残した方がいいのではないだろうか。

この秘密はアリの生殖様式にある。

女王蟻は雌雄を産み分けることができる。女王は体の中に、かつて交尾をしたときの精子をたくわえていて、体内で受精させて卵を産むが、受精させた卵はすべてメスになる。ところが、受精させることなく産んだ卵はオスになるのである。

生物は一対の染色体を持っているので、子どもは親の一対の染色体のいずれか一つを両親からそれぞれ引き継ぐ。つまり、自分の遺伝子の半分が子どもに引き継がれるのである。この自分の遺伝子をどれだけ共有しているかという確率を血縁度という。たとえば、自分の子どもの血縁度は五〇パーセントとなる。

アリの場合も自分の子どもは、自分の遺伝子が半分、オスからの遺伝子が半分ずつ引き継がれるから血縁度は五〇パーセントになる。

ところが、である。アリのオスは受精をしていないので、染色体を半分しか持っていない。そのため、働き蟻たちがオスから受け継いだ遺伝子は、すべて共通していること

81　クロヤマアリ

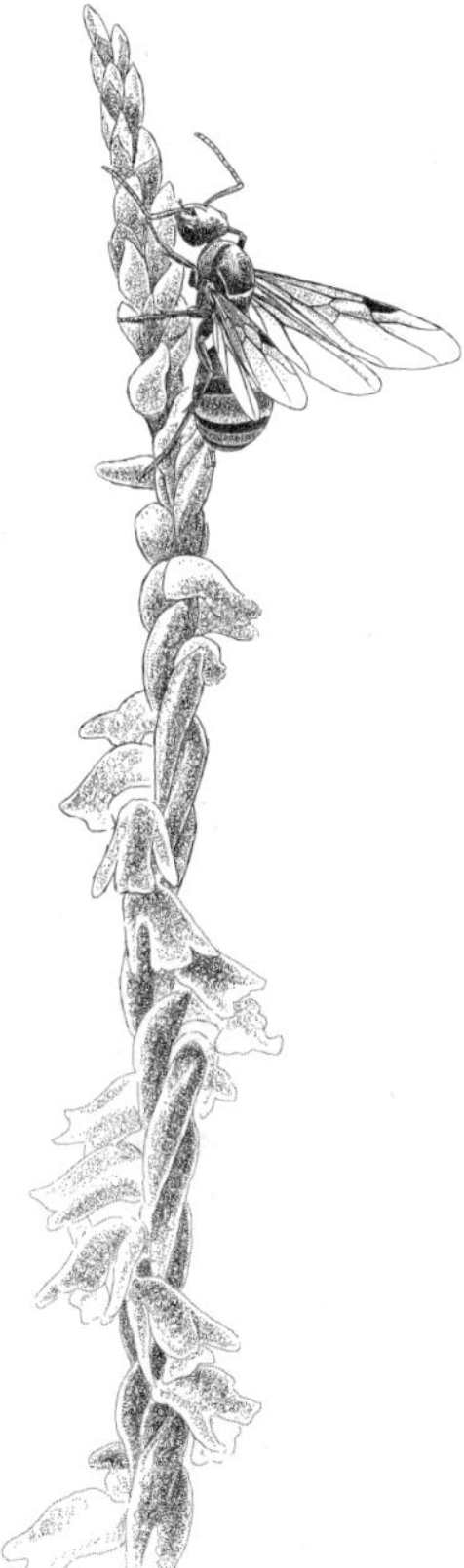

になる。

そのため、アリの姉妹を考えると、不思議なことが起こる。

オスのアリから引き継いだ遺伝子はすべて共通しているので血縁度は一〇〇パーセントであり、女王から引き継いだ遺伝子が姉妹で同じ確率は五〇パーセントとなるから、姉妹の血縁度は一〇〇パーセントと五〇パーセントを足して二で割った七十五パーセントとなる。計算は難しいが、結論だけ言うと、自分の子どもよりも姉妹の方の血縁度が高くなる。つまり、働き蟻たちにとってみれば、自分で子孫を残すよりも、血縁度の高い姉妹の集団を維持し、その姉妹の中から子孫を残した方が、より自分の遺伝子を残すことができるのである。

私たちが自分の子どもをかわいいと感じるのは、自分の子どもを保護することが自分の遺伝子の繁栄につながるからである。全ての生き物の中にある遺伝子は、自分の遺伝子の繁栄にとって利己的な行動をするとされている。私たち人類が自分の子どものためには、自分を犠牲にしても苦労を惜しまないように、アリたちも、姉妹で構成された家族が愛おしくてたまらないのだろう。

アリの中で、もっとも一般的なアリであるクロヤマアリの巣の中を覗いてみよう。

集団が大きくなってくると、やがて女王蟻は、数十匹の新女王となるべきアリと、数百匹のオスのアリを産むようになる。これらのアリには羽がついている。いわゆる羽蟻である。

メスとオスの羽蟻は、五月から六月の蒸し暑い日の日中に、穴から出て一斉に飛び立つ。同じ時期に、他の巣からも羽蟻が飛び立つ。そして、空の上で交尾をするのである。これは結婚飛行と呼ばれている行動である。

結婚飛行で、メスはオスの体内の精子をすべて受け取って、体内に蓄える。そして結婚飛行を終えると、オスのアリにもはや用はない。父親となるべき交尾を終えたオスも、交尾できなかったたくさんのオスも、オスのアリはすべて死んでしまう。悲しいかな、男というのは、本当にこれだけの存在なのだ。

一方、女王蟻は巣を作り、女手一つで最初の子育てをする。アリの成虫は、エネルギー源となる甘いものさえあれば生きていけるが、幼虫は成長するためにたんぱく質を必要とする。そこで女王蟻は、羽を落とし、羽を動かすために使っていた筋肉を餌として幼虫に与えて育てる。身を呈して子どもを育てるのだ。そして、最初の幼虫が働き蟻となると、その後は、卵だけを産んで暮らす。そして、小さな家族はやがて何万匹という大きな組織へと発展していくのである。

大企業も創業期には、家族で働いた小さな企業の頃があったように、何万というアリの大家族も、何ともほほえましい子育てから始まるのである。
すべてのアリの巣は、こんな創業のドラマを持っているのである。

サムライアリ

――卑劣なさむらい魂

引越し屋さんや運送屋さんのマークは、ふしぎと生き物が多い。力強く荷物を運ぶゾウや、伝書鳩など手紙を運ぶハト、親子で引っ越すカルガモ、大きな口で魚を運ぶペリカン、すばやく走るヒョウ、袋に子どもを入れて運ぶカンガルーや子猫を口にくわえて運ぶ親猫など、まるで動物園である。こうして見ると、物を運ぶ生き物というのは意外に多い。

アリのマークもある。アリも、大きな餌を力を合わせて運んでいくイメージがある。ところが、自然界にはそのままズバリ「アリの引越し」と呼ばれる現象もある。

夏の日の午後に、何百、何千というたくさんのアリたちが行列を作り、幼虫やさなぎの入った繭《まゆ》を加えて移動していることがある。これは、アリの家族が、棲みにくくなった巣から、新しい土地へ移動する引越しだと考えられていた。

ところが、それは大きな誤解であった。引越しの光景は、アリの家族が引越しするような、ほほえましいものではなかったのである。

サムライアリというアリは、自分で餌を取ってくることをしない。ただし、大きな鋭いあごを持ち、武装している。そこでサムライアリたちは、クロヤマアリの巣を襲って繭を奪い、繭から生まれたアリを奴隷として働かせて餌を集めさせるのである。

じつは、アリの引越しのように見えたのは、奴隷狩りを終えたサムライアリたちが略奪した繭を戦利品として持ち帰っているところだったのである。まさに夏の午後の惨劇だったのだ。

サムライアリの奴隷狩りは、じつに計画的である。

はじめに偵察役のアリがクロヤマアリの巣を発見すると、巣の規模から繭の数を推測する。そして、十分に奪うべき繭の数があるとわかると、偵察役は道しるべフェロモンをつけながら巣に帰ってくる。この道しるべをたどって、隊列を組んだ大群のサムライアリたちが、クロヤマアリの巣に迫るのである。巣にたどりついたサムライアリの先鋒部隊が、初めに巣を守る兵隊蟻に襲いかかる。そして、そのすきに本隊のアリたちが巣の中に侵入し、繭を奪うのである。

即戦力の働き蟻を連れ帰っても、すぐに逃げられてしまうし、抵抗もされる。そのため、無抵抗な繭を持ちかえり奴隷とするのである。

繭から産まれたクロヤマアリは、サムライアリのために餌を集め、巣を作り、幼虫を

87　サムライアリ

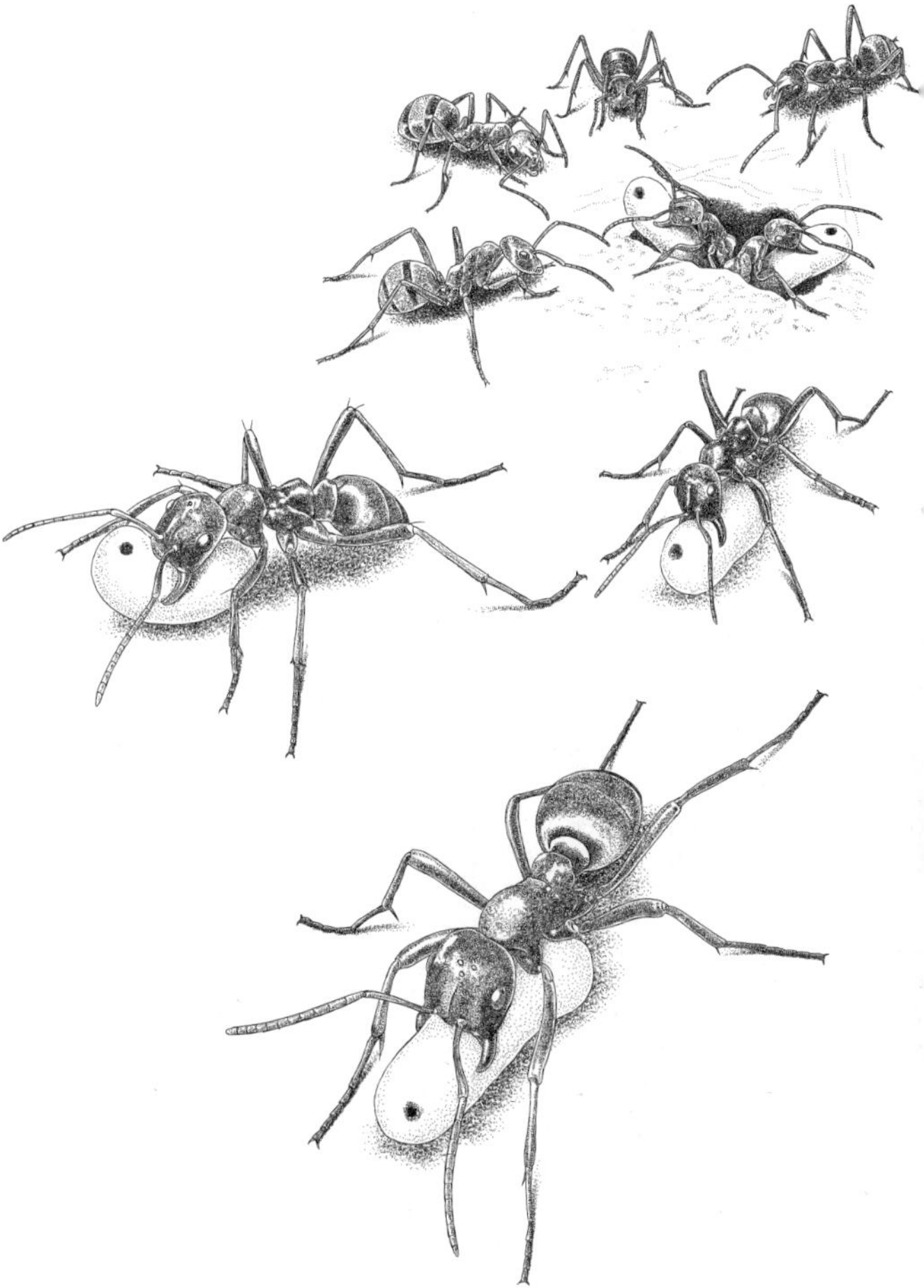

育てる。しかし、哀れな奴隷たちは自分たちが奴隷であることさえ知らない。アリは、特有のにおいで自分の仲間を判断するが、サムライアリたちは奴隷のアリと体を接触し、クロヤマアリのにおいをもらっている。そのため、奴隷蟻たちは、自分たちを誘拐してきたサムライアリを、自分の家族だと信じきって働き続けるのである。

もっとも、サムライアリの大家族も最初は一匹の女王蟻から始まる。一人ぼっちの女王蟻は、どのようにして奴隷狩りをするのだろうか。じつは、サムライアリの女王は大胆不敵な行動をする。サムライアリの女王はクロヤマアリの巣を見つけ出すと、果敢にも単身で巣の中にとび込んでいく。そして巣の中にいるクロヤマアリの女王を嚙み殺し、巣を乗っ取るのである。そして、サムライアリの女王が産んだ卵を育てさせて、そこをサムライアリの巣とするのである。

奴隷蟻の寿命が尽きれば、労働力が足りなくなる。するとサムライアリたちは、再び奴隷狩りに出かけるのである。サムライアリはクロヤマアリの巣を襲っても、けっして全滅させることはなく引き上げる。そうしておけば、時間が経ってから同じ巣を何度も襲って、奴隷を手に入れることができるのである。

こんな武士の風上にもおけない卑劣なアリに「サムライ」と名付けるのは、ふさわしくないような気もするが、自分は働かずに暮らしていることから、「サムライ」と名付

89　サムライアリ

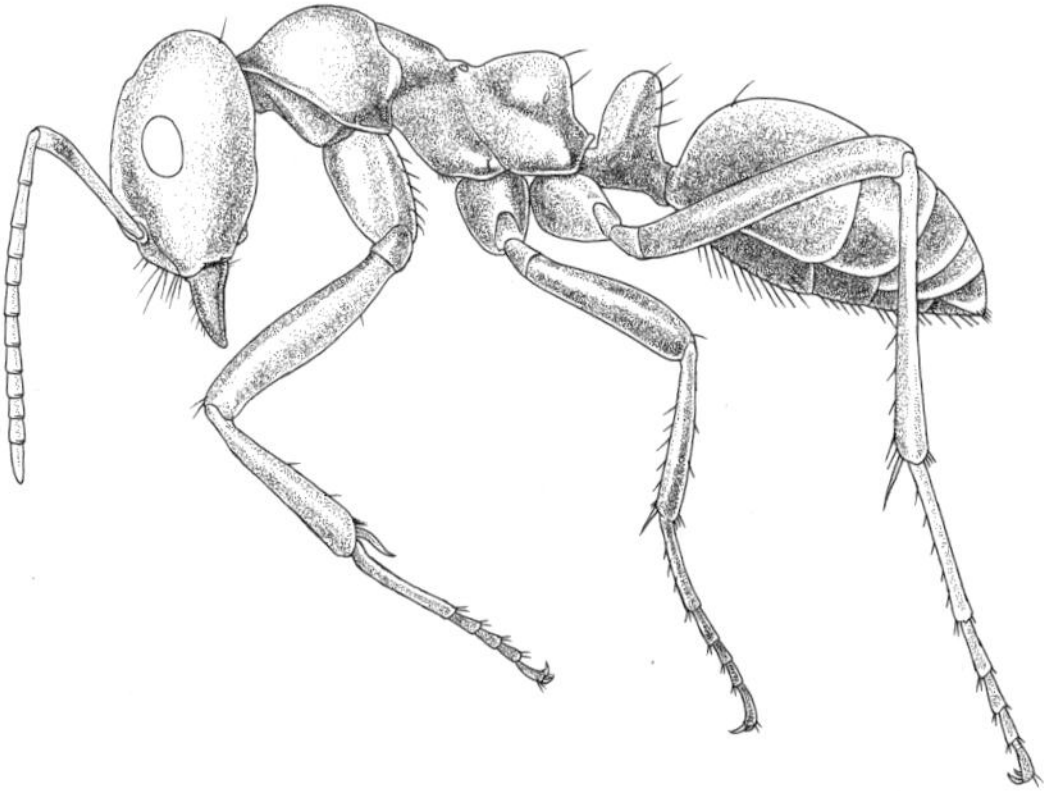

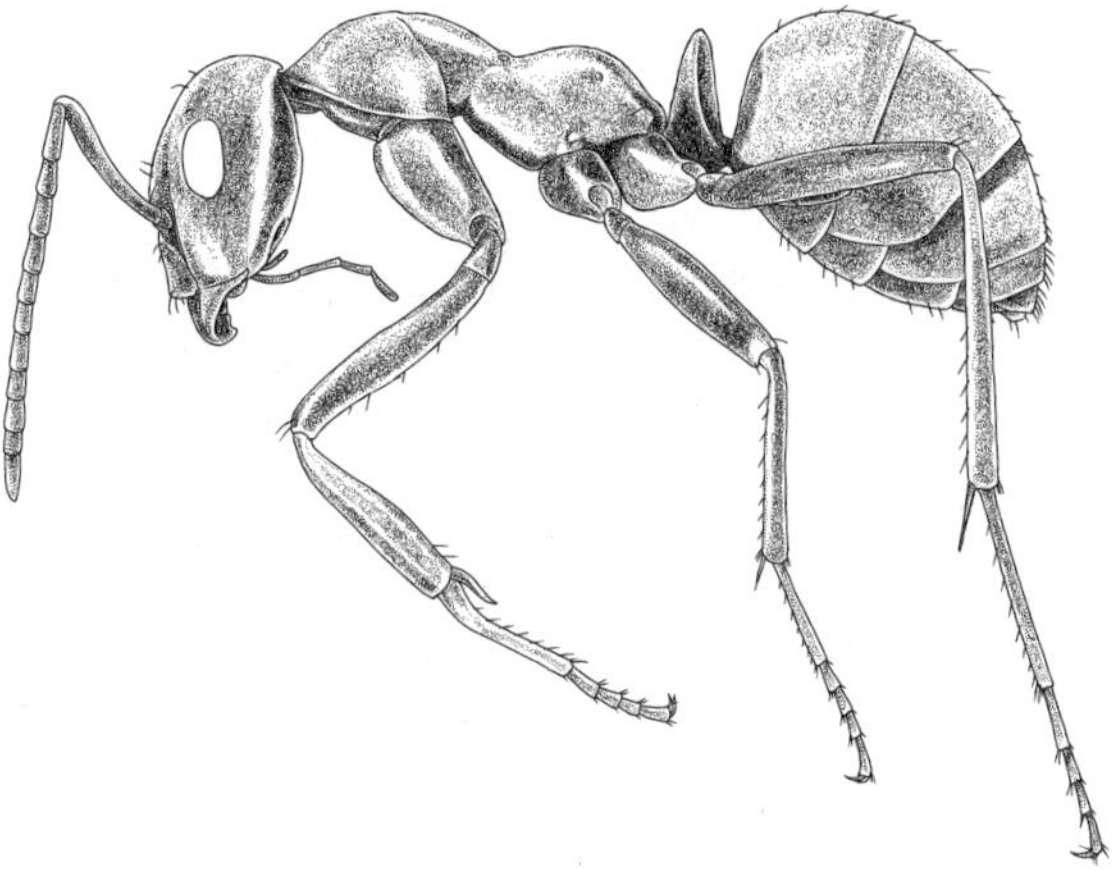

けられた。

サムライアリも、もともとは、クロヤマアリと同じように働き者だったと考えられるが、他のアリに働かせるという大胆な戦略を思いついて、奴隷狩りして生活するアリに進化した。そして自分たちで餌を集めたり、巣を作ったりする術をすっかり忘れてしまったのである。今となっては、サムライアリは、クロヤマアリなしには生きていくことができない。クロヤマアリの巣を見つけることができなければ、死活問題なのだ。

どうやら働かずに暮らすというのも楽ではないようだ。こんなリスクを負って苦労をするくらいならば、自分で働いた方がよっぽど楽なような気もしてしまうが、どうだろう。

アリジゴク（ウスバカゲロウ）

——偉大な土木設計士

「奈落の底」という言葉がある。「奈落」とは、仏教語で地獄に落ちることを意味している。

アリにとってはまさにそんな感じだろう。何気なく歩いていたアリがすり鉢状に空いたくぼ地に足を踏み外してしまうと、まさに奈落の底へと落ちていく。

アリは必死によじのぼろうとするが、砂が崩れて脱出するのは容易ではない。やっと、上りかけたかと思うと、下から砂つぶてが飛んできて、アリが逃げ出すのを阻む。

懸命に逃げようとするアリに向かってこの砂つぶてを投げた地獄への使者こそが、この穴の主であるアリジゴクである。アリジゴクはすり鉢状の穴を掘って、その中に潜み、大きな牙を開いて獲物が落ちてくるのを待っている。そして頭を上下させて砂つぶてを飛ばすのである。

もっとも、アリは垂直な壁も上れるほど鋭い爪を持っている。単純にすり鉢状の穴を掘っただけでは、アリは軽々と上ってしまう。

砂を山盛りにしたとき、砂が崩れないギリギリの角度を安息角という。じつは、アリジゴクのすり鉢状の巣は、砂が崩れない安息角に保たれている。そのため、小さなアリが足を踏み入れただけで、砂は限界点を超えて、砂が崩れ落ちるのである。

アリジゴクは、何と言う偉大な土木設計士なのだろう。

しかも、安息角は一定ではない。砂が湿ると崩れにくくなるので、安息角の角度は大きくなる。そのため、アリジゴクはそのときの湿度にあわせてこまめに巣の傾斜を調整しているというから、すごい。

アリにとっては、恐ろしい地獄の存在であるが、アリジゴクの立場に立って見れば、その暮らしはけっして楽ではない。

ただ穴を掘っただけでは、アリが落ちてくる確率は高くない。来る日も来る日もアリが落ちてくるのを、ひたすら待ち続ける日々なのだ。しかも、アリに逃げられることも多く、その成功率はけっして高いとはいえない。

アリジゴクは三カ月もの間、獲物がなくても生き続ける生命力を持っている。それだけ獲物にありつける確率は低いということなのだ。ただ空腹に耐えながら、アリが落ちてくるのを待ち続けるアリジゴクも、まさに地獄のような日々を送っているのである。

さらにアリジゴクには地獄のような運命が待っている。

93　アリジゴク（ウスバカゲロウ）

穴の底から動くことのないアリジゴクが糞をすると、巣の底が汚れてしまう。そのため、アリジゴクは肛門を閉ざしていて、尿らしき液体を出した観察例はあるものの、成虫になるまでの二～四年もの間、ほとんど糞をしないのである。まさに便秘地獄である。長い苦行の末、羽化して成虫になるときに、アリジゴクはそれまでためていた糞をまとめて外に出す。想像するに、地獄から天国へ上るような爽快感だろう。アリジゴクはウスバカゲロウの幼虫である。成長を遂げたウスバカゲロウは、みにくく恐ろしい姿をしたアリジゴクからは、想像もできないほどの繊細な姿をしている。これまでたまったものをドカンと出したすがすがしさがよく現れている、そんな透明感のある虫だ。若い頃は地獄と恐れられたのも今は昔、大人になったウスバカゲロウは、風に飛ばされながら弱々しく飛ぶばかりである。

しかし地獄は終わらない。

成虫になったウスバカゲロウは二～三週間生きるが、その間は、まったく餌を口にすることはなく、水しか飲まない。便秘地獄の後は、断食地獄なのである。まったく、この世の地獄というべき、壮絶な生涯である。

95　アリジゴク（ウスバカゲロウ）

ヤマトシジミ

都会の宝石

エメラルド色の光沢色の羽を持つミドリシジミの仲間は、「空飛ぶ宝石」と呼ばれて、チョウの愛好家の間では特別の人気がある。ミドリシジミは緑豊かな森の中で見かけるチョウである。

とはいえ、自然豊かな森に出掛ける機会は少ない。コンクリートに囲まれた都会の街では、「空飛ぶ宝石」を見たいというのは、かなわぬ望みなのだろうか。

ところが、エメラルド色のミドリシジミではないが、都会の真ん中でサファイア色のシジミチョウの仲間を見ることができる。このチョウはヤマトシジミである。

ヤマトシジミの幼虫は、都会の道ばたのわずかな土に生えるカタバミという雑草を餌にしている。そのため、緑の少ない都会でも暮らすことができるのである。花の少ない都会では、成虫のチョウもカタバミの花の蜜を吸っている。ヤマトシジミはたくましいカタバミのおかげで、都会で生きていくことができるのである。

このカタバミが土の少ない都会で生えることができるのには、理由がある。

97　ヤマトシジミ

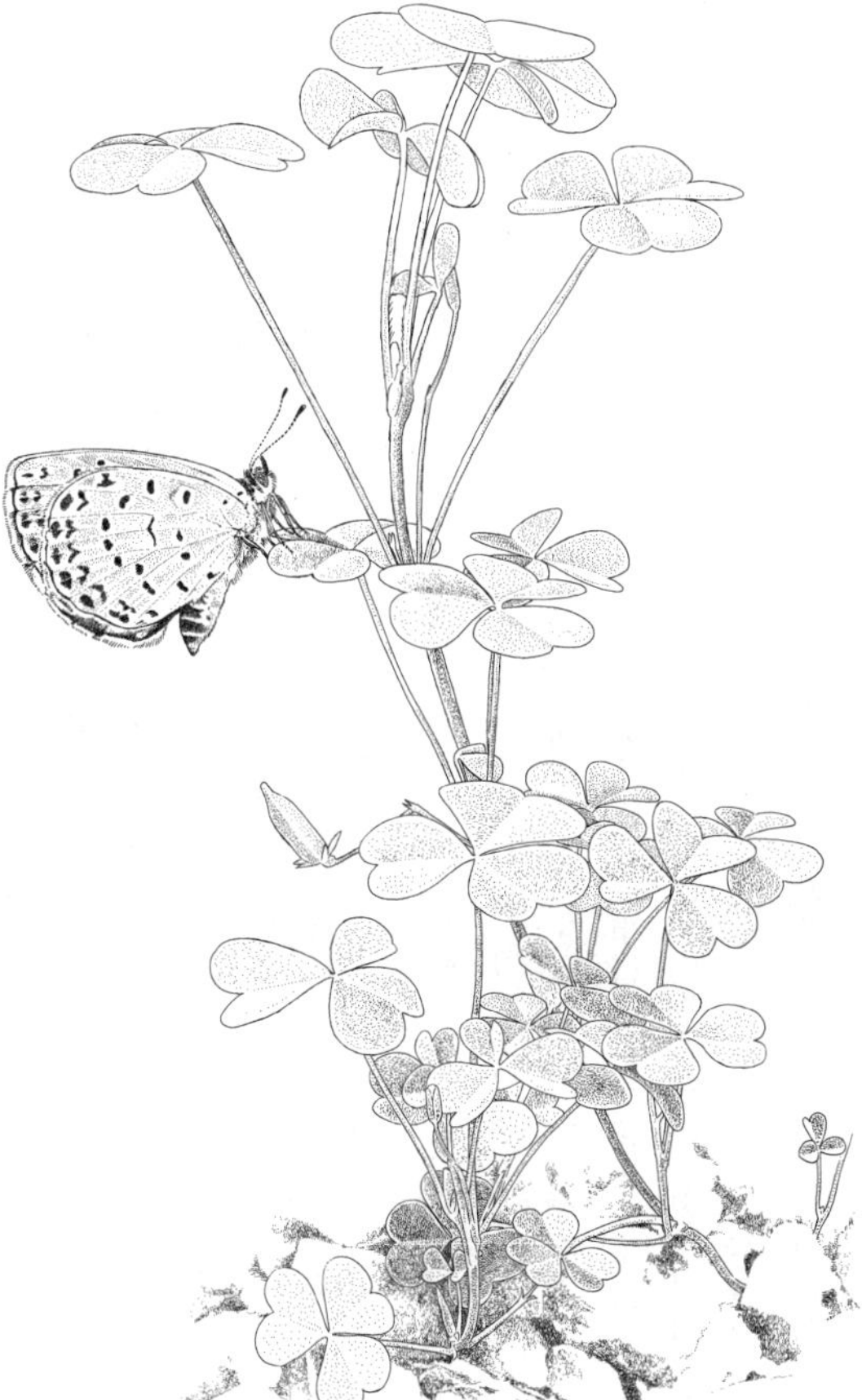

カタバミの種子には、アリの大好きなゼリー状の物質が付着している。アリはこの物質を餌として、種子を自分の巣に持ち帰るのである。そして、アリがゼリー物質を食べ終わると、食べカスである種子を巣の外に捨てるのだ。ところが、よくしたものでアリの巣は必ず土のある場所にあるから、カタバミの種子は、土の少ない街の中ではアリの巣のまわりにあるわずかな土のある場所にわざわざ播いてもらえることになる。こうしてカタバミはアリを巧みに利用して都会を生き抜いているのである。

生物の少ない都会では、アリはずいぶんと使い勝手の良いパートナーであるようだ。ヤマトシジミも負けずに、アリを利用している。

動きの鈍い小さな芋虫は、アリに襲われて餌食になりやすい。ところが、ヤマトシジミの幼虫は体からアリの好きな甘い蜜を出して、自らアリをおびき寄せる。ところが、この蜜欲しさに集まってきたアリたちは、幼虫を攻撃するどころか、ヤマトシジミの幼虫に蜜をねだり始める。こうしてヤマトシジミは、見事にアリを懐柔してしまうのだ。

さらにヤマトシジミの幼虫がお尻の突起の先からにおい物質を出すとアリは興奮し始める。じつはこの物質は、敵が来たときにアリが仲間との連絡に用いる警戒物質によく似ている。そのため、アリは敵の襲来に備えるのである。こうして、アリに襲われないどころか、アリをボディガードにして、シジミチョウの幼虫の天敵である寄生バチから、

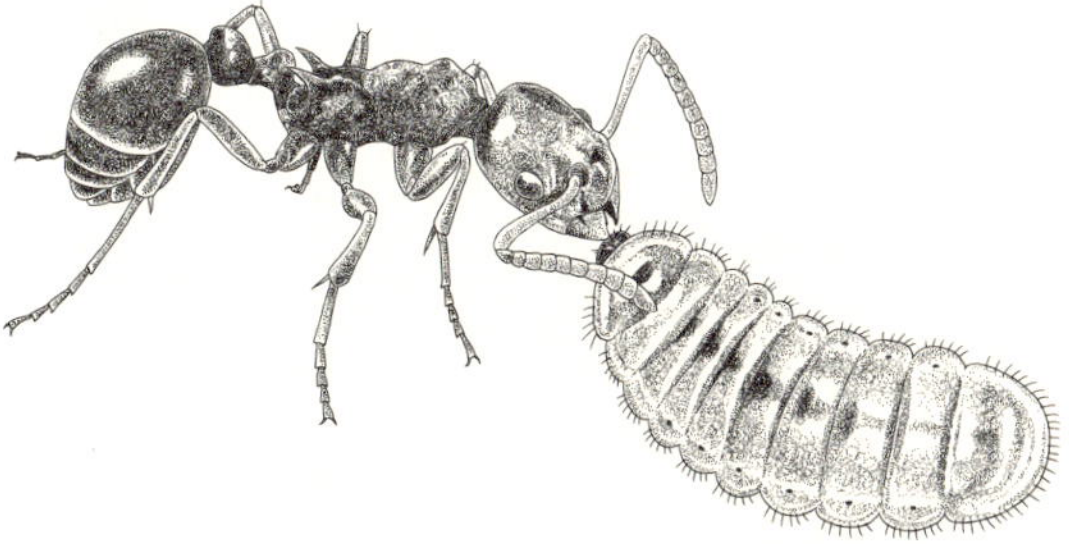

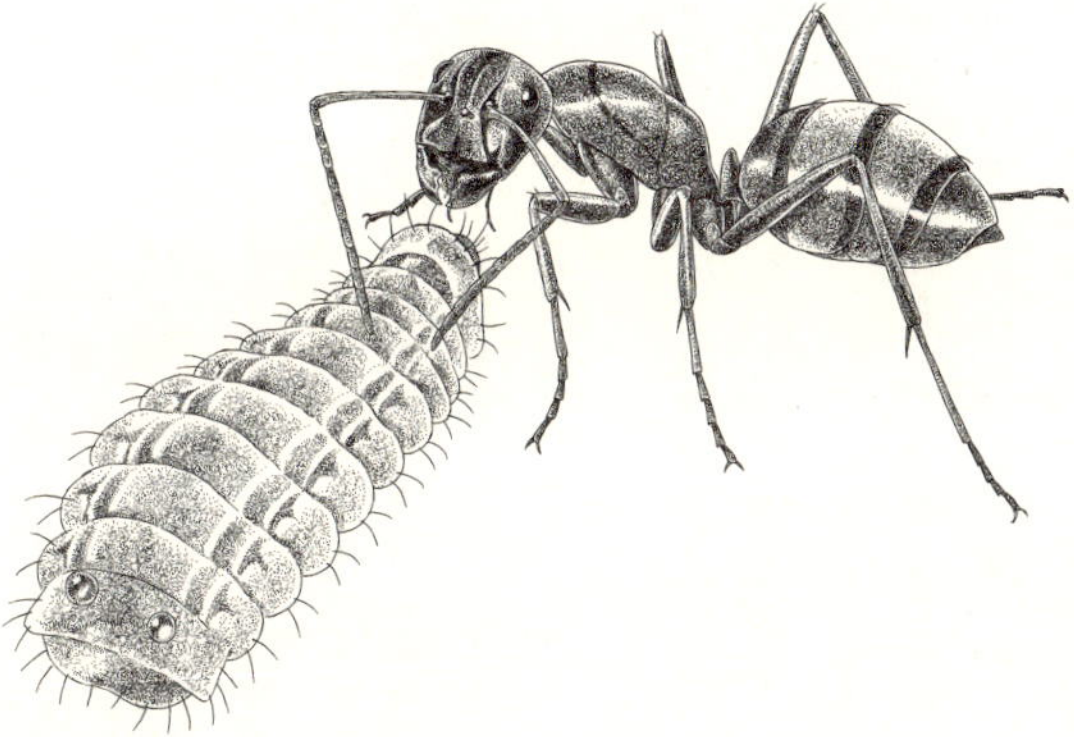

守ってもらっているのである。

アリを味方につけることを覚えたシジミチョウの仲間には、さらに手の込んだ方法でアリを利用しているものもある。

クロシジミの幼虫は、ヤマトシジミの幼虫と同じようにアリの好きな甘い汁を出すが、さらに、アリのオスのにおいによく似た物質を分泌する。すでに紹介したようにオスのアリは仕事をすることなく、働き蟻に餌をもらって養ってもらっている。そのため、オスのアリのにおいのするクロシジミの幼虫を見つけた働き蟻は、大切に巣に運ぶ。そして、クロシジミの幼虫は、さなぎになるまでの間、アリから餌を口移しでもらって養われながら成長をしていくのである。クロシジミの幼虫はアリがいないと生きていくことができないのだ。

もっとも、クロシジミの幼虫も餌をもらった代わりに甘い汁をアリに与えているから、クロシジミとアリとは、双方に利益があるギブアンドテイクの関係ではある。

クロシジミの幼虫は、やがて巣の入口に近い部屋に移動してさなぎになる。

わざわざ部屋を移動するのには理由がある。アリのにおいが分泌できるのは幼虫のうちだけである。さなぎから孵ったクロシジミの成虫は、においがしないのでアリに攻撃されてしまう。そのため、羽化したクロシジミの成虫は一目散に、アリの巣の外へと逃げ出さなければならないのである。

クロシジミもまんまとアリを利用したが、上には上がいる。

ゴマシジミというシジミチョウの幼虫は、クロシジミと同じようにアリのにおいをまとって働き蟻に巣に運ばれていくが、アリの巣の中に侵入したゴマシジミの幼虫は、甘い汁を出してアリたちを手なづける一方で、あろうことかアリの幼虫をむしゃむしゃと食べてしまうのである。ゴマシジミの幼虫はアリの幼虫に完全に覆いかぶさって食べるため、近くにいるアリにも気がつかれることはない。こうして、アリの幼虫が知らぬ間に一匹一匹殺されていき、栄養を得たゴマシジミの幼虫が大きく育っていくのである。

何という油断のならない恐ろしいチョウだろう。アリにとっては、とんだ来客である。シジミチョウの仲間はごく小さなチョウだが、だからと言って、侮ることはできないのである。

ノコギリクワガタ

雑木林のナンバー2

世の中には脚光を浴びるナンバー1の陰に、必ずナンバー2の存在がある。

ノコギリクワガタは、雑木林のナンバー2である。雑木林の樹液には、さまざまな昆虫が集まる。その中で一番強い横綱はカブトムシである。そして、次に強いナンバー2がクワガタムシなのである。

カブトムシの名前は、角の形が戦国武将の兜の形に似ていることに由来している。そして、この兜についた角状の飾りを鍬形《くわがた》という。クワガタムシはあごの形が、この鍬形に似ていることから名づけられたのである。

雑木林で繰り広げられるカブトムシとクワガタムシの戦いは、まさに兜をつけた武者どうしの一騎打ちなのである。武将の兜についた角や鍬形は、自分の強さを鼓舞するためのデモンストレーションであるが、カブトムシの角や、クワガタムシのあごは、戦うための本物の武器である。

クワガタムシはカブトムシと戦っては、体の下に角を入れられて投げ飛ばされるシー

103　ノコギリクワガタ

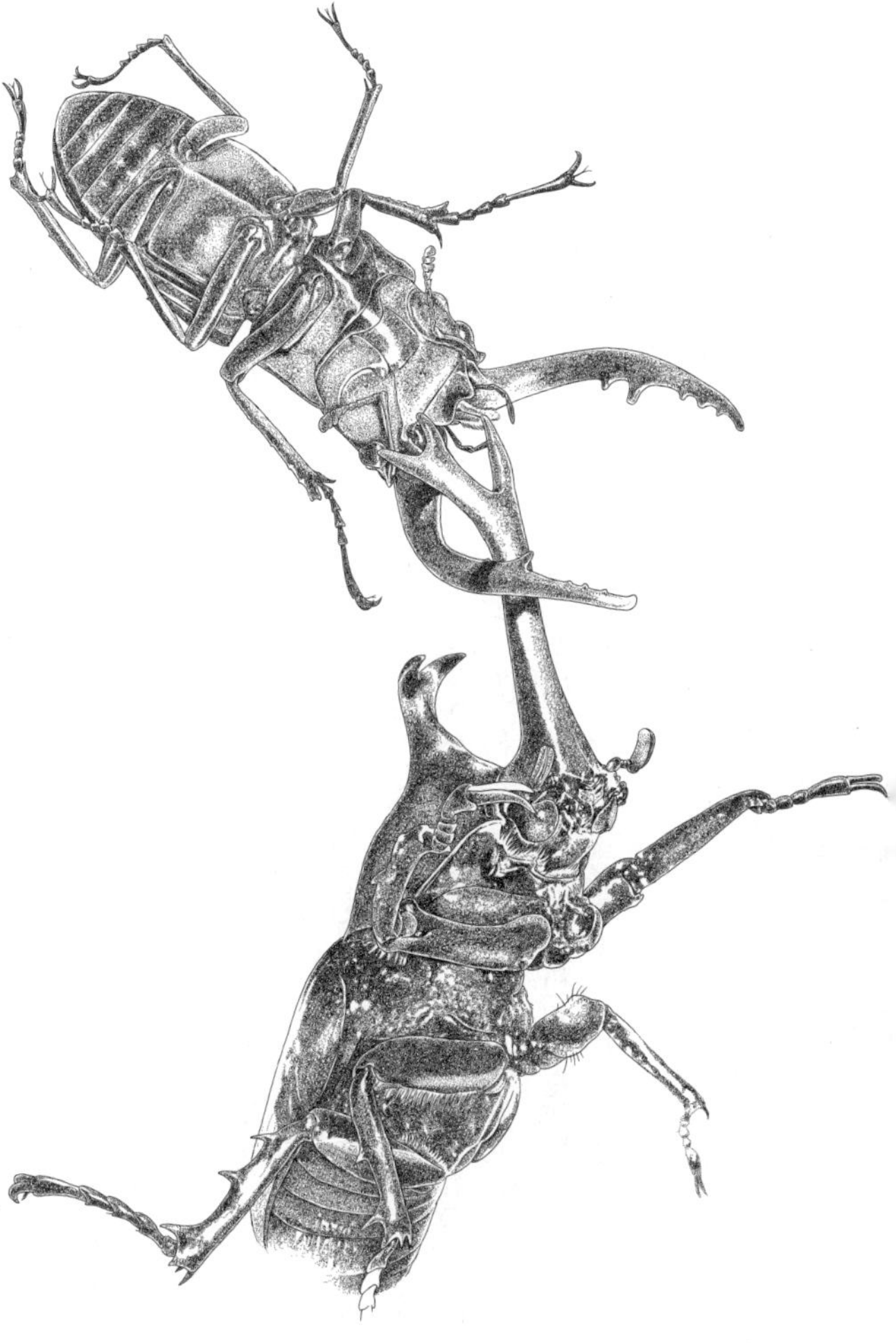

ンでおなじみである。まるで、カブトムシの強さを引き立たせる、かませ犬のような存在だが、時には自慢の大あごでカブトムシの体を挟みこんで穴をあけて、カブトムシをやっつけることもある。けっして、負けてばかりではないのだ。

カブトムシに負けることの多いクワガタムシであるが、寿命の長さはカブトムシよりはるかに勝っている。カブトムシは秋に生まれた卵は翌年の夏に成虫になり、約一年の寿命であるのに対して、クワガタムシの幼虫期間は、クワガタムシの中では寿命が短いとされるノコギリクワガタの場合でも二〜四年間もある。また、ノコギリクワガタは成虫になるとカブトムシと同じように秋には死んでしまうが、クワガタムシの中にはオオクワガタやコクワガタのように成虫になってからも冬を越して、数年生きるものも多い。

クワガタムシの幼虫の期間が長いのは、カブトムシの幼虫が栄養分の多い腐葉土を餌にしているのに対して、クワガタムシの幼虫は栄養分の少ない朽ち木を餌にしているためである。クワガタムシは少しずつしか栄養をとることができないので、成虫になるのに時間が掛かってしまうのである。

クワガタムシが餌にしている朽ち木を構成している主成分は、もっとも分解しにくい植物繊維であるリグニンである。ところが自然界ではリグニンを分解するキノコがいる。クワガタムシはこのキノコがリグニンを分解したセルロースという植物繊維を餌にして

105　ノコギリクワガタ

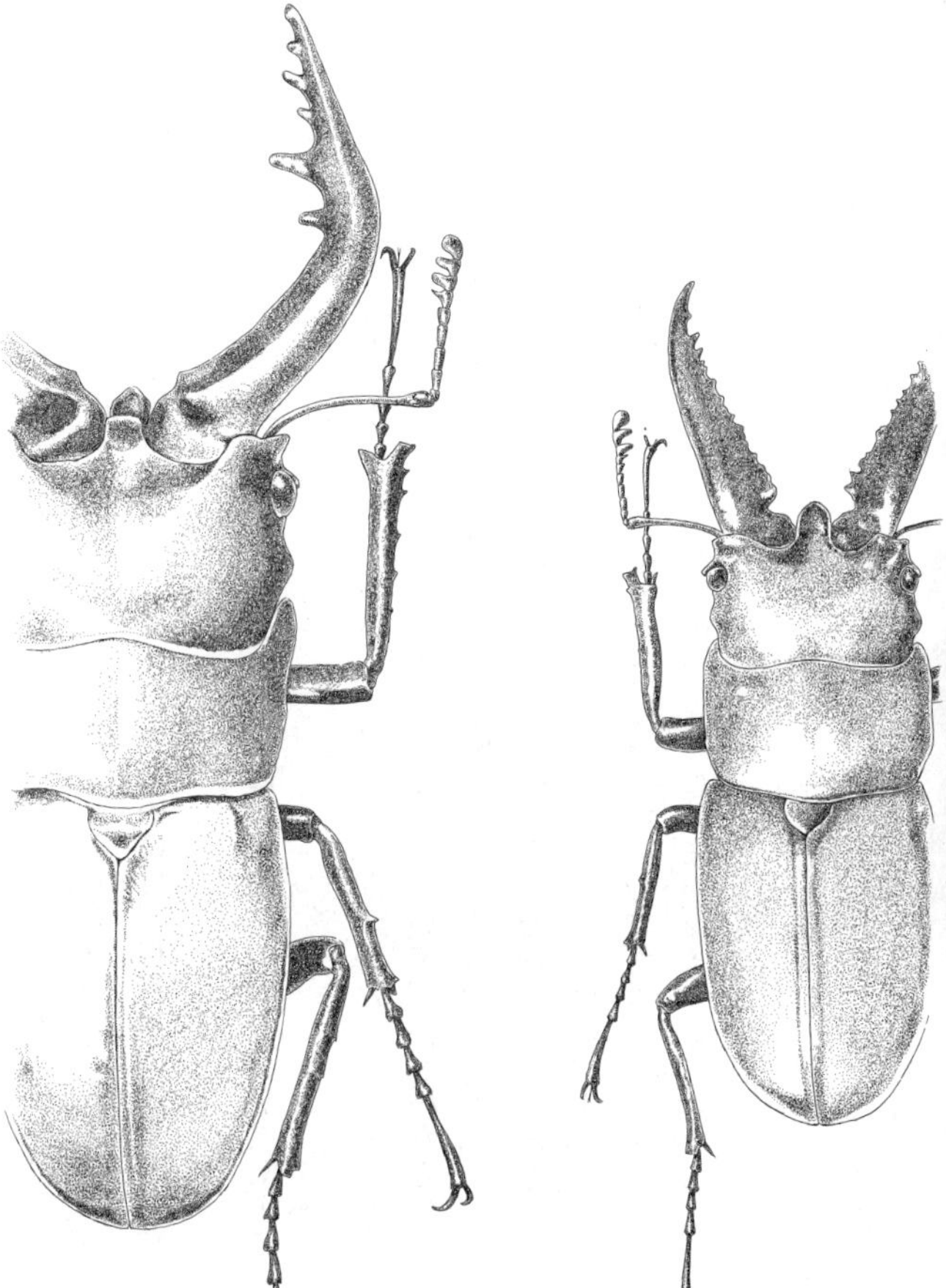

いるのである。ただ、セルロースも植物繊維なので通常は分解されない。クワガタムシは体内にセルロースを分解する微生物を共生させていて、実際には微生物から栄養分を得ているのである。クワガタムシが生きていくためには、自然界の共生が必要なのである。

ノコギリクワガタは、ギザギザした刃のついたあごがノコギリに似ていることから名付けられた。

ところが同じノコギリクワガタの中でも、弓なりに曲がった立派なあごをもったタイプもいれば、小さなあごが短くまっすぐ伸びたタイプがいて、同じ種類とは思えないほど見かけが異なる。この違いは幼虫時代の環境の差によるものである。

一見すると、気温が高く、餌も豊富な良い環境で育った幼虫が、立派な成虫になるような気がする。ところが実際は逆である。恵まれた環境に育った幼虫は発育期間が短く、早く成虫になる。そのため、あごが十分に発達しないのである。逆に餌が少ないと幼虫はゆっくり時間を掛けて成長するために、立派なあごが発達する。

大きなあごをもったノコギリクワガタは、まさに大器晩成なのである。

クワガタムシをつかまえるのは難しくない。木を思い切り蹴飛ばすと木の上から落ちてきて死んだふりをするので、それを拾えばいいのである。昔はクワガタムシがよく捕れる木は、子どもたちが争って蹴飛ばしにいったものだが、今はどうだろう。子どもたちは、塾や習い事など忙しい日々を過ごしながら、大人になっていく。

子どもたちは、大人になることを急がずに、ゆっくりと子ども時代を過ごしてほしい。クワガタムシの立派なあごは、充実した子ども時代を過ごした証しなのである。

カブトムシ――小よく大を制す

力士の最高峰である横綱には、強さだけでなく、品格が求められる。人間の世界では、ときどき品格に欠けた横綱の存在が問題になることもあるが、昆虫の横綱と呼ばれているカブトムシには、まさに横綱にふさわしい風格がそなわっている。

カブトムシの立派な角は、餌場やメスを争って戦うための武器である。

カブトムシは長い角を相手の体の下に入れて、角を振り上げて投げ飛ばす。それでは、背中についた小さな角は何のためにあるのだろうか。必要ないように思える小さい角だが、じつは、これも強力な武器である。

相手の横側にまわりこんで、長い角で相手を持ち上げると、小さい角が上から押さえ込む。そして、二本の角で相手を挟みつけてしまうのである。時には、小さい角が相手の固い装甲に穴を開けてしまうこともある。一見するとただの飾りに見える小さい角は、じつは鋭い懐刀だったのである。

角の大きさは、幼虫のときの餌で決まる。一〇六ページで紹介したように、幼虫期間

109　カブトムシ

が何年もあるクワガタムシは、じっくり育った方があごが大きくなるが、カブトムシの寿命は一年と決まっているために、クワガタムシとは逆に、限られた幼虫の期間に餌を豊富に食べた幼虫の方が、角が大きくなる。

オス同士の戦いは、角は大きい方が有利である。相手とにらみ合いながら、じりじりと間合いを測ってにじみよると、角が長い方が早く攻撃を仕掛けることができるのである。また、短い角よりも角が長い方が、相手を投げ飛ばすときにも便利である。

強い者が生き残る自然界にとって、長い角はまさに強者の証しなのである。

その一方で、餌が十分ではなかったのだろうが、中にはかわいそうなくらい小さな角のカブトムシがいる。

ところが強い者だけが生き残る弱肉強食の世界で、小さい角のカブトムシが生き残れないか、というと必ずしもそうでもないところが、自然界のおもしろいところだ。

小さな角のオスは、大きな角のオスとまともに戦っても勝ち目はない。そのため、大きな角のオスが来ると、戦うことなく、尻尾を巻いてさっさと逃げてしまう。あまりに実力差がありすぎるから、無駄な争いをしないのである。その代わり、角の小さいオスは夕方早い時間帯から餌場に出掛けて行って、大きな角のオスが来る前に餌にありついてしまう。うまくいけば、メスと出会えることもあるだろう。

さらに、餌が十分ではなく、小さな角を宿命づけられる幼虫は、早く成虫になるとも言われている。他のオスが羽化する前に、一足早く夏を謳歌しようという作戦なのである。まさに、鬼の居ぬ間に何とやら、である。

大きな角のオスが現れても、逃げるばかりが能ではない。まだまた奥の手は隠されている。

強いオスに餌場を奪われても、小さな角のオスは完全に逃げ出すことはなく、遠巻きに見ている。そして、メスをめぐってオス同士が争っている最中に、そっと近づいて行って、ちゃっかりメスと交尾をしてしまうのだ。まさに漁夫の利である。

それればかりか、角の小さなオスは、メスのふりをしてさりげなく餌にありつき、隙を見て、近くにいるメスをものにしてしまうこともあるという。

大男、総身に知恵がまわりかね、ではないが、何だか大きい角のオスの方が気の毒になってしまうくらいに、小さな角のオスは、したたかに立ちまわっているのである。

大きいばかりが能ではない。強いばかりが男ではない。弱者には弱者の生きる道がある。小さな角のカブトムシは、そんな戦略を私たちに教えてくれているのである。

ゲンゴロウ

欲深い生活の結末

ゲンゴロウは「源五郎」と書く。

昔、源五郎という男が、振れば小判が出る代わりに体が小さくなってしまうという打ち出の小づちを手に入れた。最初のうちは体が小さくなるのを気にして、一枚、二枚と遠慮しながら出していたが、そのうち欲に勝てずに振り続けて小判を出しているうちに、源五郎の姿は小さな黒い虫の姿になってしまったという。この小さな虫がゲンゴロウである。

また、一説にはゲンゴロウはもともと色が黒いので、「玄黒《げんぐろ》」と呼ばれていたのが、転じて「げんごろう」になったとも言われている。

いずれにしてもゲンゴロウというのは、まるで人の名前のようで、昆虫の名前にしては奇妙な名前である。

ゲンゴロウは、地上で生活をしていた甲虫類が、水中生活に適応していったものと考えられている。

113　ゲンゴロウ

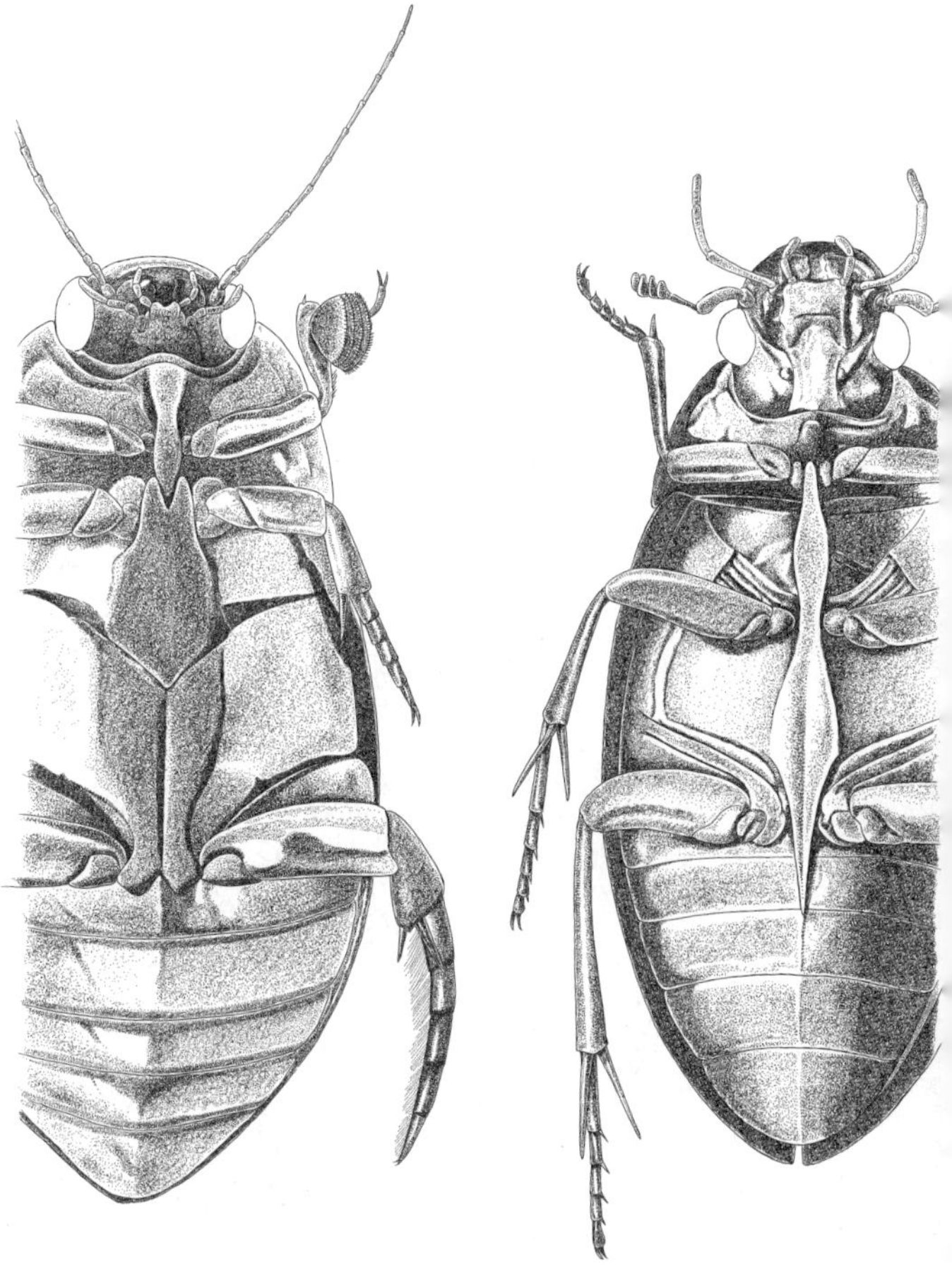

かつて陸上で生活をしていた哺乳類が、海に戻ってクジラやイルカに進化したように、陸上で進化したゲンゴロウの祖先も、新たに水中で暮らす道を選んだのである。水の中には恐ろしい鳥もいないし、餌も豊富にある。ゲンゴロウの祖先にとって、未開拓の水中生活はじつに魅力に満ちたフロンティアだったことだろう。

こうして水の中での生活を選んだゲンゴロウの体は、じつに水中生活に適した体になっている。

後ろ足には長い毛が発達している。この毛が足ひれのような役目をして、ゲンゴロウは水中を自由自在に泳ぎ回ることができるのである。

またゲンゴロウは、尻から吸った空気を固い羽の下にためこんで潜水する。そのため、まるで空気ボンベを背負ってダイビングするかのように、長い時間、潜水することが可能なのである。

一方、ゲンゴロウと同じく水中生活をしている甲虫類にガムシがいる。ゲンゴロウとガムシはよく似ているが、その区別は一目瞭然である。

ガムシはゲンゴロウによく似ているものの、ゲンゴロウのように上手に泳ぐことができない。ゲンゴロウが足ひれのついた後ろ脚で水をかいて、スイスイと泳ぐのに対して、ガムシの脚には足ひれがない。そのため泳ぐというよりは、脚をばたつかせて、水の中をゆっくりと歩くといった感じである。それどころか、つかまるものがないと、水の中で溺れ死んでしまうことさえあるというから、大変だ。

ゲンゴロウは、オタマジャクシなどを食べる肉食なので、獲物を捕えるために、すばやく泳がなければならない。これに対して、ガムシは水底の枯れ草などを食べる草食性の昆虫である。そのため、ゲンゴロウのように素早く動く必要がないのである。

ちなみにガムシは漢字で「牙虫」と書く。つまり牙《きば》の虫なのだ。

おとなしい虫に、ふさわしくないような勇ましい名前に思えるが、ガムシは胸の下に、後ろに長く伸びた針のような突起を持っている。この針が牙に見立てられて「牙虫」と呼ばれるようになったのである。

もっとも、この長い牙にどのような意味があるのかは、不明である。

ゲンゴロウが羽の下に空気をため込むのに対して、ガムシは、水面で取り入れた空気をお腹の下にためて水中で行動する。ガムシを見ると、腹側が銀色に見えるのは、ためた空気が反射するためである。もしかすると、腹側に伸びた牙は、空気を取り込み、空気をためるのに役立っているのかもしれない。

新天地を求めて水中生活を始めたゲンゴロウとガムシであるが、最近では、水辺が次々と埋め立てられたり、水が汚染されたりすることによって、どんどんその数を減らしている。姿を消している。

便利な生活を追い求めるあまりに、とめどなく環境を破壊をしている人類は、欲深かった源五郎の物語を、あらためて嚙みしめる必要があるだろう。

ミズスマシ

——目の回るような忙しさ

忙しそうにクルクルと動き回っている人は、ミズスマシにたとえられる。確かにミズスマシは、忙しそうにクルクルと水面を回っている。

かつて「スピードスケートはミズスマシがくるくる回っているみたいでおもしろくない」と問題発言をした知事がいた。スケーターにもミズスマシにも失礼な話だ。スピードスケートもおもしろいが、ミズスマシがくるくる回るのも、よく見ればなかなかおもしろい。

ミズスマシには足がないように見えるが、足は水の中にある。

ミズスマシの中足と後足の四本の足は、オールのように扁平になっている。この足をスクリューのように回転させることによって、高スピードで進むことが可能なのである。まるでモーターボートである。そしてミズスマシはこの左右の回転を調節しながら、水面をくるくると回るのである。

ミズスマシは泳ぐときには前足は使わない。前足は長いロボットアームのようになっていて、ふだんは折り畳まれている。そして、餌を発見するとロボットアームを伸ばすように前足を伸ばして餌を捕えるのである。

ミズスマシは、ふだんはクルクルと水面を旋回しながら、餌となる虫が水面に落ちてくるのを待っている。ミズスマシは渦を起こすことから「ウズムシ」の別名もある。ミズスマシがクルクルと回ると波が起きる。この波動が返ってくるのを触覚で感知して餌のありかを知るのである。

また、ミズスマシがクルクルと回っているのは、敵に襲われにくくするという意味もある。ミズスマシを脅かすと、いよいよスピードを上げて回り始めるが、これは敵を攪乱するために、猛スピードで回転するのである。

ミズスマシが回るのには、それなりの意味があるのである。

ところで、水面に暮らすミズスマシが恐れている敵は二種類ある。

一つは上空から襲ってくる鳥である。そして、もう一つが水の中から襲ってくる魚である。この二つの敵から身を守るために、ミズスマシは四つの目を持っている。

二つの目は上部で水面より上を見るためのもので、もう二つは下部で水の下を見るためのものである。こうしてミズスマシは四つの目で、水の上と水の下とを同時に見ているのである。

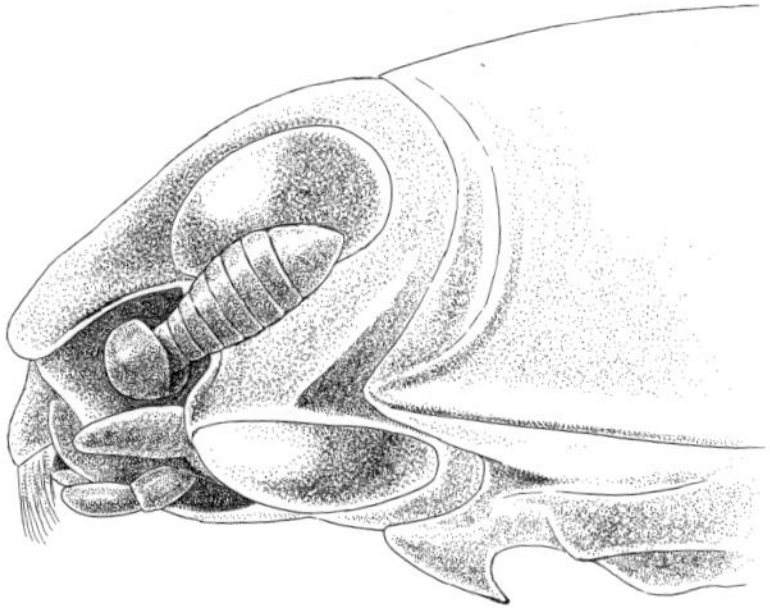

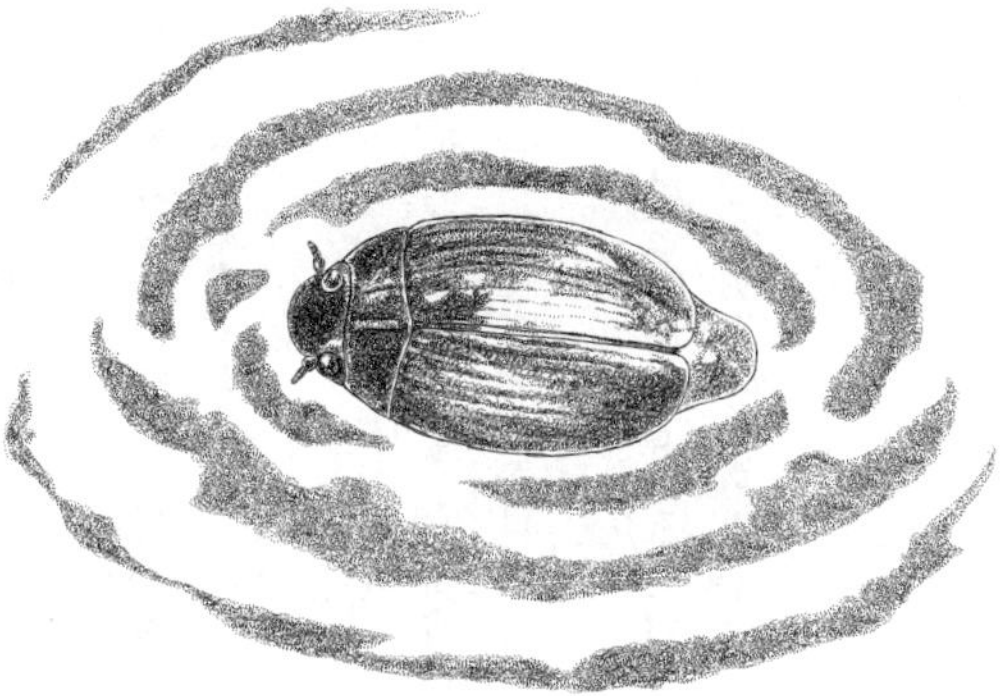

水が濁っていると、魚を視覚でとらえることができないから、ミズスマシは澄んだ水を好む。ミズスマシのいるところは水が澄んでいることから、ミズスマシが水をきれいにしていると思われて、「水澄まし」と名付けられたのだ。

鳥の目、虫の目というように、異なる視点で物事を見ることが大切であると言われるが、ミズスマシは常に違った視点で二つの風景を見ているのである。

世の中には、表もあれば裏もある。

「優雅に見える水鳥も水の下では必死に足を動かしている」と言われるが、ミズスマシには優雅に泳ぐ水鳥の姿とともに、水鳥の苦労も同時に見えている。水面の上と下が見えているミズスマシは、明らかに私たち人間よりも広い視野で物事が見えているはずである。

水鳥と同じくミズスマシ自身も、水の下では懸命に足を動かしている。おもしろそうにくるくる回っているだけのミズスマシも、色々と苦労があるのである。

オニヤンマ

威風堂々の時代遅れ

古生代、岩石に覆われた不毛の大地のわずかな水辺に、シダ植物が太古の森を作った。鳥や哺乳類はおろか恐竜さえ出現していない時代である。脊椎動物の祖先が魚類からやっと水辺に上陸し、両生類へと進化を遂げようとしていたその頃、驚くことにメガネウラと呼ばれる七十センチにもなる巨大なトンボが、すでに空を飛びまわっていたのである。

昆虫の進化は、謎に満ちている。

昆虫の祖先は、ムカデのように足の数が多い節足動物だったと考えられている。やがて進化の過程で、機能性を高めるために足の数を減らしていった。三点で三角形を描けば体を安定して支えることができる。そのため前足、中足、後足で三角形を作りながら移動できるように、六本足になったのである。

一説によると、昆虫の羽は、表面積を増やして体温調節をするために表皮が発達したとも考えられている。また、水中で呼吸をするためのエラを動かして水中を泳いでいたものが、地上では羽になったという説もある。いずれにしても、鳥も翼竜さえもいなかった古生代に、昆虫はすでに制空権を獲得して空を飛びまわっていたのである。

実際にはメガネウラはトンボの直接の祖先ではないが、巨大なメガネウラを思わせるようなトンボがオニヤンマである。オニヤンマは日本最大のトンボである。さすがにメガネウラほどの巨大さはないものの、昆虫が小さく進化した現代では、十センチを超える体を持つオニヤンマは迫力がある。品格のある黒い体に鮮やかな黄色い線があり、目は美しいエメラルドグリーンをしている。大きな体で悠然と空を飛ぶその姿は、虫とり網を持つ子どもたちの憧れの的である。

巨大な体は「鬼」と呼ばれるにふさわしいが、一説には、「鬼」の由来は、黒と黄色の縞々模様が、鬼のふんどしを連想させるためとも言われている。確かに鬼は、黄色と黒の縞々模様のトラの毛皮のふんどしをしている。ちなみに鬼がトラのふんどしをしているのは、鬼が鬼門とされた丑寅の方角からやってくると考えられていたからである。そのため、鬼は丑寅にちなんで、ウシの角とトラのふんどしの姿に描かれたのである。

オニヤンマを見ると、虫とは思えないほど、胸の筋肉が隆々である。トンボは羽を動かすための筋肉が発達している。一般に、昆虫の羽は外骨格とつながっていて、筋肉で外骨格を動かすしくみになっている。このしくみによって、振動を増幅させて、少ない

123　オニヤンマ

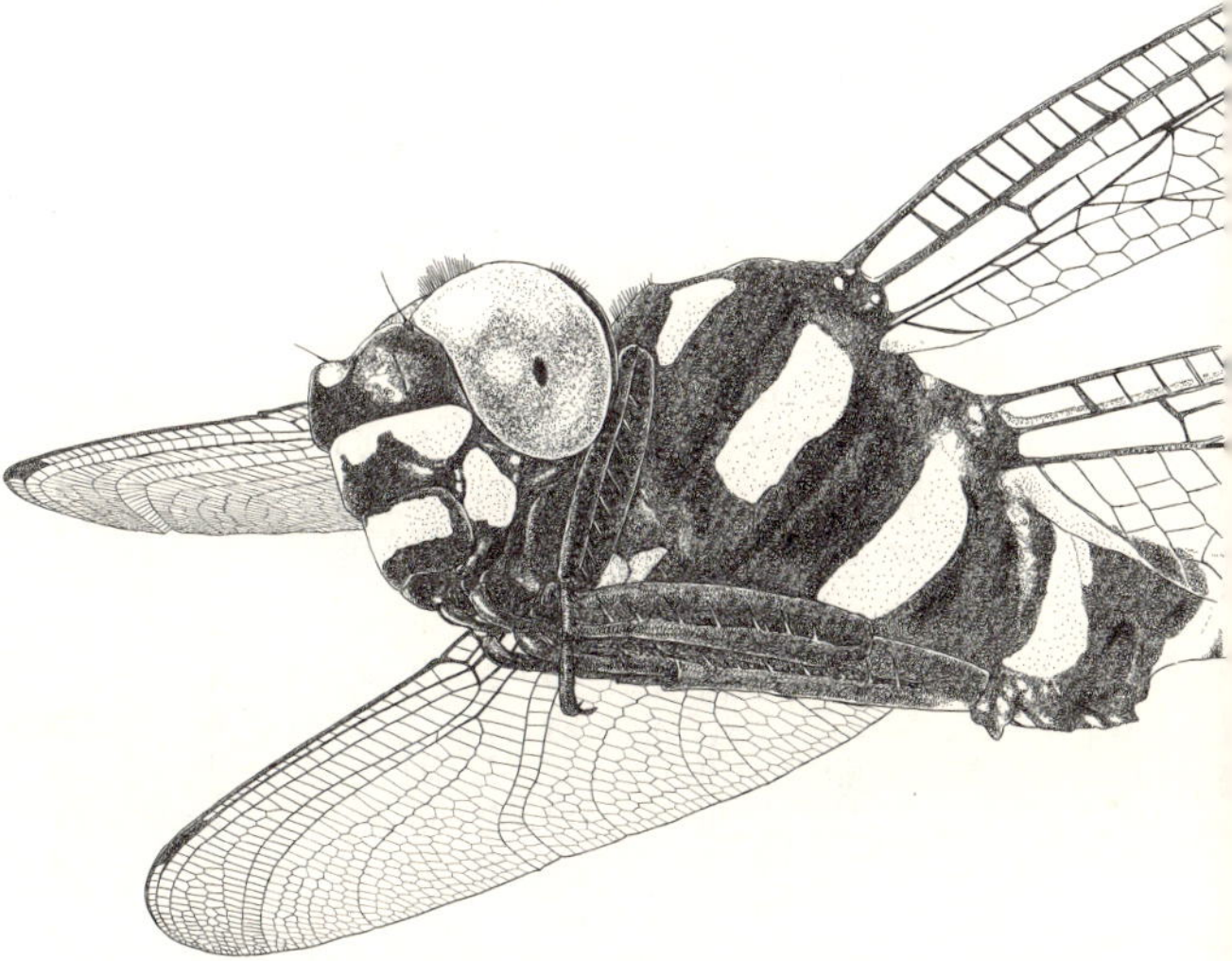

筋肉の動きで羽ばたく回数を増やしているのである。ところが、トンボは四枚の羽に筋肉が直接ついていて、筋肉の動きによって羽を動かすのである。

残念ながら筋肉で羽を直接動かすしくみは、エネルギー効率が悪く、原始的な古いタイプの昆虫に見られる方式である。

しかし、何も新しい進化形ばかりが良いとは限らない。

筋肉が羽を直接動かすことによって、トンボは大きく羽を動かした飛行が可能である。古いタイプと言われようと、オニヤンマのダイナミックな飛行は人々を引き付ける。その飛行速度は五〇〜一〇〇キロ以上とも言われている。自動車でも簡単には追いつけないほどのスピードなのだ。

さらに、四枚の羽をバラバラに動かすことで、空中に停止してホバリングすることも可能である。もっともホバリングはハチやアブでも羽ばたく回数を高めることで実現しているが、トンボはそればかりか、バック飛行したり、急旋回や急停止など、ありとあらゆるアクロバットな飛行をすることができるのである。

古いタイプには古いタイプなりの優れたものがある。美しい筋肉美を持つオニヤンマの誇りは、誰も奪うことができないのだ。

カゲロウ

短くもしぶとい命

「かげろうの命」と言われるように、カゲロウははかなく短い命の象徴である。カゲロウは成虫になると一日か二日で死んでしまう。種類によっては数時間で死んでしまうものもある。成虫は口も退化していて食べ物はおろか、水さえ口にすることはない。

ゆらゆらと力なく飛ぶ様子は、幻のようにはかない「陽炎《かげろう》」にたとえられ、カゲロウと名付けられた。

しかし、どうだろう。カゲロウは成虫の命は短いが、幼虫では何年間も過ごす。川の石の裏などに棲んでいて、よく釣りの餌にされるのがカゲロウの幼虫である。卵から死ぬまで数カ月という寿命のものが多い昆虫界にとっては、カゲロウはどちらかというと長寿な部類である。

カゲロウの歴史は古い。現在、知られているもっとも古い昆虫の化石はカゲロウのものである。カゲロウは三億年も前から現在と変わらぬ姿をしている。さらにカゲロウは、空を飛んだもっとも古い昆虫であると言われている。トンボも古いが、カゲロウはさらに古い。この二種は、いわば、昆虫界のライト兄弟なのだ。

古いタイプの昆虫であるカゲロウは、他の昆虫には見られない成長過程を経る。ふつうの昆虫は幼虫から成虫になるが、カゲロウは幼虫が脱皮をして亜成虫となる。この亜成虫は羽があって空を飛ぶことができるが、ふたたび脱皮をして成虫となるのである。

川から離れた場所や、高いビルの窓などにカゲロウのような抜け殻があって、どこから来たのかと驚かされることがあるが、それは亜成虫が飛んできて、羽化をした抜け殻なのである。

どうして、カゲロウが亜成虫のような段階を経るのかは謎である。というより、むしろカゲロウの方が元祖なのだから、もともとは亜成虫を経る方がふつうだったのかもしれない。

障子や本を食べてしまうことで知られる害虫のシミは、極めて原始的な昆虫であるが、シミは成虫になった後も脱皮をくり返す。おそらく昆虫の祖先は、成虫になってからも脱皮をしていたが、脱皮は無防備で敵に襲われたり、脱皮に失敗して命を落とすリスクも大きいので、だんだんと脱皮回数を減らすように合理的に進化して、幼虫からすぐに成虫になるようになったのではないかとも考えられる。

それにしても、こんなにもか弱い虫が、どうして三億年もの間、生き抜いてくることができたのだろうか。

その秘密こそが、短い命にある。

いたずらに長く生きていたとすると、天敵に食べられたり、事故にあったりして、天寿を全うせずに死んでしまうことが多い。しかし、短い命であれば天寿を全うすることができる。そのためにカゲロウの成虫は命を短くしているのである。

カゲロウの成虫の役割は、子孫を残すことに尽きる。そのため、成虫になると確実に子孫を残すことだけに専念する。餌を求めて移動したり、争ったりすることは、生き延びる確率を下げるだけなのだ。

それにしても、ゆらゆらと飛ぶカゲロウには、天敵から飛んで逃げる力もなければ、身を守る武器もない。それではカゲロウはどのようにして身を守っているのだろうか。

その戦略こそが、群れを作って集団になることである。

カゲロウの幼虫はある日の夕方になると一斉に羽化をする。夕方に羽化をするのは天敵の鳥がいなくなる時間を見計らってのことである。その数は尋常ではない。カゲロウが大発生すると、まるで紙吹雪が舞っているかのように視界が塞がれ、交通麻痺を引き起こすことさえあるほどである。どうして、同じ日に一斉に羽化することができるのか、どのようにして羽化をする日を申し合わせているのか、じつはカゲロウの大発生は謎に満ちている。

夕方になると鳥はいなくなるが、代わりにコウモリが現れてカゲロウを捕食しはじめる。大量の餌に大喜びしたコウモリは狂ったように飛び回るが、とても大群をなすカゲロウを食べきることができない。こうしてカゲロウは交尾を終えて、産卵をするのである。

確かに短い命である。しかし、目的を達成し、産卵を終えたカゲロウは静かにその生涯を閉じる。吹雪のように風に舞うそのむくろの顔は、おそらく短い命を生き抜いた充実感に満ちているはずである。

ヘビトンボ

腐海を守る蟲

スタジオジブリの映画「風の谷のナウシカ」では、汚染された大地に生まれた腐海と呼ばれる奇妙な森と、腐海を守る、人よりも大きな巨大な蟲が登場する。これらの蟲は古代の森を思わせるような姿でぎこちなく飛び、大きな頭と牙のついた口で人を襲う。とても、この世のものとは思えない姿である。もっとも「風の谷のナウシカ」は、近未来を描いたフィクションだから、これらの蟲はすべて、想像上の怪物である。

ところが、この映画の画面から飛びだしてきたかのような、奇妙な姿をした昆虫が実在する。ヘビトンボである。

ヘビトンボは、羽を広げると一〇センチを超える巨大な昆虫で、大きな頭と牙のついた大きなあごが特徴である。ヘビのような頭でかみつくことから、ヘビトンボと名づけられた。強そうな名前に負けず劣らず「水生昆虫の雄」と呼ばれるにふさわしい堂々とした姿をしている。

トンボという名前がつくが、トンボの仲間ではなく、カゲロウに近い仲間である。カ

131　ヘビトンボ

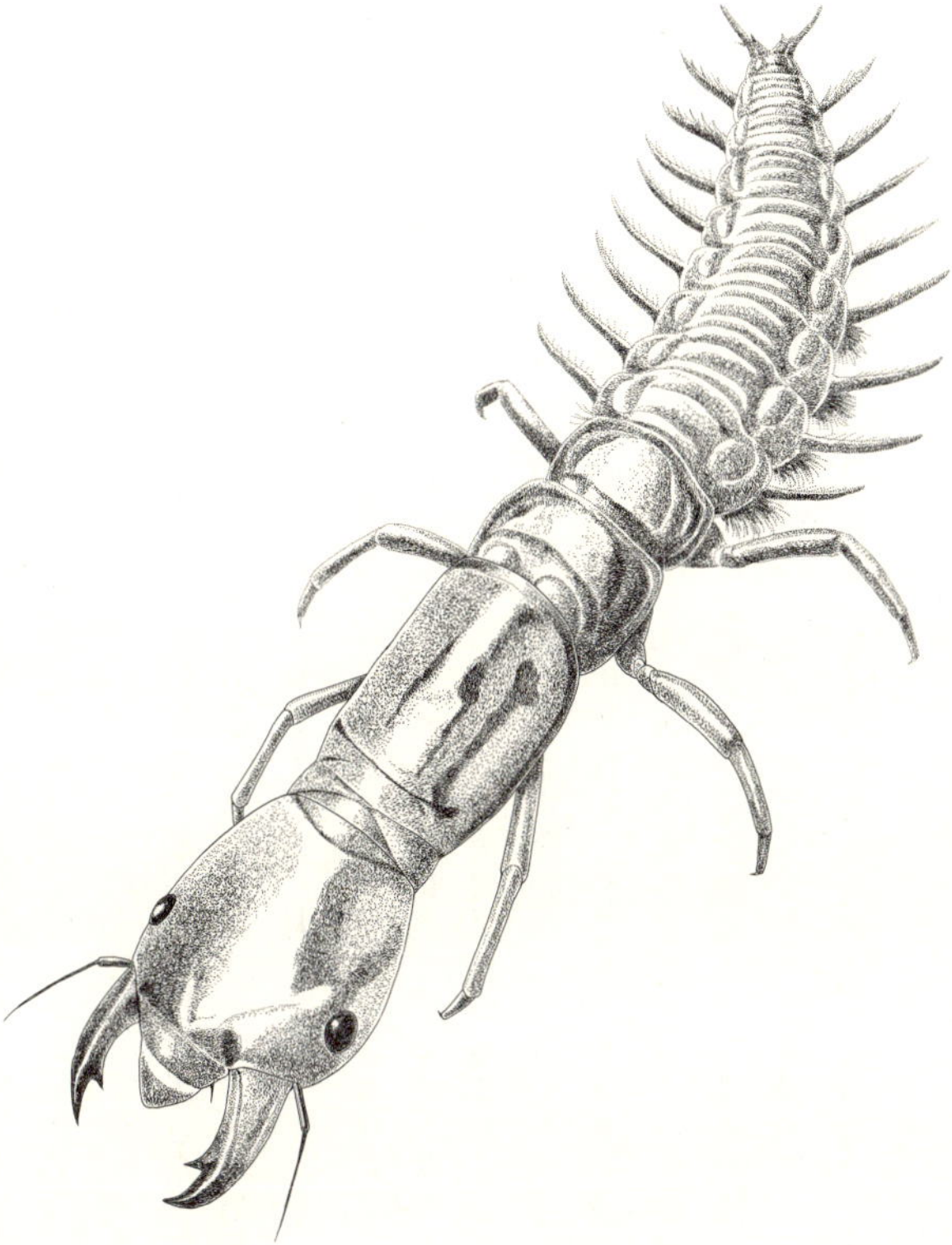

ゲロウと同じく、化石にその姿が残る古いタイプの昆虫であるが、カゲロウとも異なる独自の進化を遂げており、その姿は他に類を見ないほど奇妙である。

ヘビトンボは幼虫も奇妙な姿をしている。ヘビトンボの羽を取った姿が、ちょうど幼虫の姿となる。ヘビトンボの成虫は樹液を餌としているが、幼虫は大きなあごでカゲロウの幼虫などを捕えて食べる。ヘビのようにかみつくとされたヘビトンボのあごは、幼虫時代の名残だったのである。ヘビトンボはさなぎにも、大きなあごがあり、不用意に触ると、さなぎもかみついてくるというから、驚きだ。

ヘビトンボの幼虫は別名を「川むかで」という。確かに一見すると、牙の生えた大きな頭に脚のたくさん生えた体がつながっていて、ムカデのようにも見える。

しかし、不思議である。昆虫は脚が六本であるはずなのに、どうしてヘビトンボの幼虫にはムカデのように脚が何本もあるのだろう。もちろん、ヘビトンボの幼虫も脚は六本である。じつはヘビトンボの腹から出ている無数の脚のように見えるものは、えらなのである。しかし、どうみても脚のように見える。昆虫はムカデのように脚の多い種類から、進化の過程で脚の数を減らしていったが、ヘビトンボの幼虫はもともと脚だったものを退化させる過程でえらとして利用するようになったのかもしれない。本当にムカデによく似た姿である。

133　ヘビトンボ

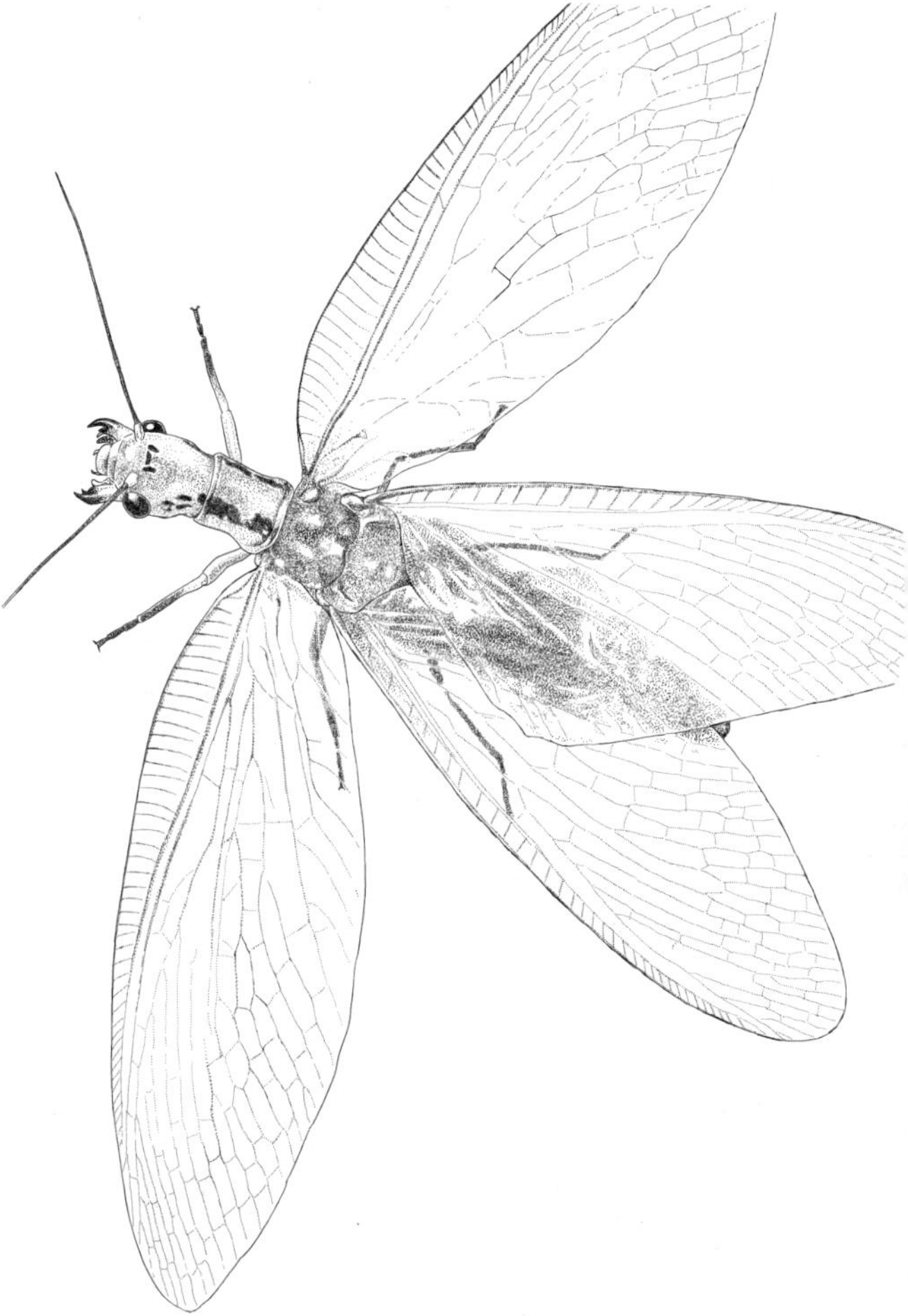

ヘビトンボの幼虫は「孫太郎虫」という。どうして、孫太郎という人の名前がついているのだろうか。

言い伝えられているところによると、かつて宮城県斉川村に住む女房が父の仇を討とうとしていたが、その子、孫太郎は生来虚弱で疳《かん》が強く、七歳の頃に大病で重態に陥ってしまう。そこで神社にこもって祈願したところ、「斉川の小石の間の虫を食べさせよ」と神託があり、そのとおりにすると孫太郎はたちまち回復し、やがて成人した孫太郎が、無事に仇討ちを遂げたというのである。

この伝説とともに、孫太郎虫は、小児の疳の薬として広く利用されていたのである。孫太郎虫は、平安時代から薬として用いられていたというから、その歴史は古い。ところが、孫太郎虫が最近では数を減らしているという。孫太郎虫はきれいな水にしか棲むことができない。そのため、水の汚濁によって生息地が減っているのである。

「風の谷のナウシカ」に登場する腐海や蟲は、文明に汚染され不毛と化した土地を浄化するために出現した新しい生態系だった。ヘビトンボが腐海の蟲たちを呼び集めて人々を襲う前に、現代の文明は、美しい川を取り戻すことを考えた方がいいかもしれない。

シロスジカミキリ

通り魔事件の冤罪

江戸時代のことである。結っていた女性の髪が、知らぬ間に切り落とされるという怪奇な事件が次々に起こった。髪は女性の命とされていた時代のことである。人々は誰ともなしに、それを、「髪切り虫」という虫の仕業だと口々に噂したのである。

そして、髪を断ち切るほどの鋭いあごを持つ虫に「髪切り虫」の濡れ衣を着せた。それがカミキリムシの名前の由来である。そのため、カミキリムシは漢字では、「紙切り虫」や「噛み切り虫」ではなく「髪切り虫」と書くのが正しい。

もちろん、カミキリムシが勝手に人間の髪を切るようなことはない。カミキリ虫の鋭いあごは、樹皮を噛み砕いて食べるためのものである。

髪を切ることはないが、カミキリムシは人間が育てている樹木に傷をつけて枯らしてしまう。そのため、カミキリムシの仲間は害虫とされているものが多い。

カミキリムシが丈夫なあごで木に傷をつけると、樹液が出てくる。この食い痕が、さまざまな昆虫が樹液を吸いに来る森のレストランとなるのである。子どもたちに人気のカブトムシやクワガタムシは樹液を餌にしているが、カブトムシやクワガタムシがどんなに頑張っても樹木に傷をつけることはできない。これらの昆虫が雑木林で暮らしていくためには、カミキリムシはなくてはならない存在なのである。

カミキリムシは漢字で「天牛」とも書く。カミキリムシは触角が長い。この触角が牛の角に見立てられたのである。長い触角がかっこいいので、カミキリムシは、子どもたちにも人気の昆虫である。

立派なひげと強そうな牙を持っているが、カミキリムシをつかまえると、胸をこすりあわせて、キーキーと音を出す。か細くかわいらしい声を必死で出しているようすは、まるで助けを請うているようで、かわいそうになってしまうが、じつはこれは威嚇音である。カミキリムシは、この音で敵を威嚇するのである。

カミキリムシは、木の幹に噛み傷をつけて卵を産みつける。卵から孵った幼虫も鋭い牙を持っていて、トンネルを掘りながら、木の内部を食い進んでいく。そのため、幼虫も木を食い荒らす害虫とされている。この幼虫は木の穴の中に詰めた鉄砲玉のようであることから、テッポウムシと呼ばれている。

固い木の幹の中に潜むテッポウムシは、鳥に襲われることもないし、農薬にやられてしまうこともない。まさに鉄壁の籠城である。木の中は見えないから、どこにいるかは

137　シロスジカミキリ

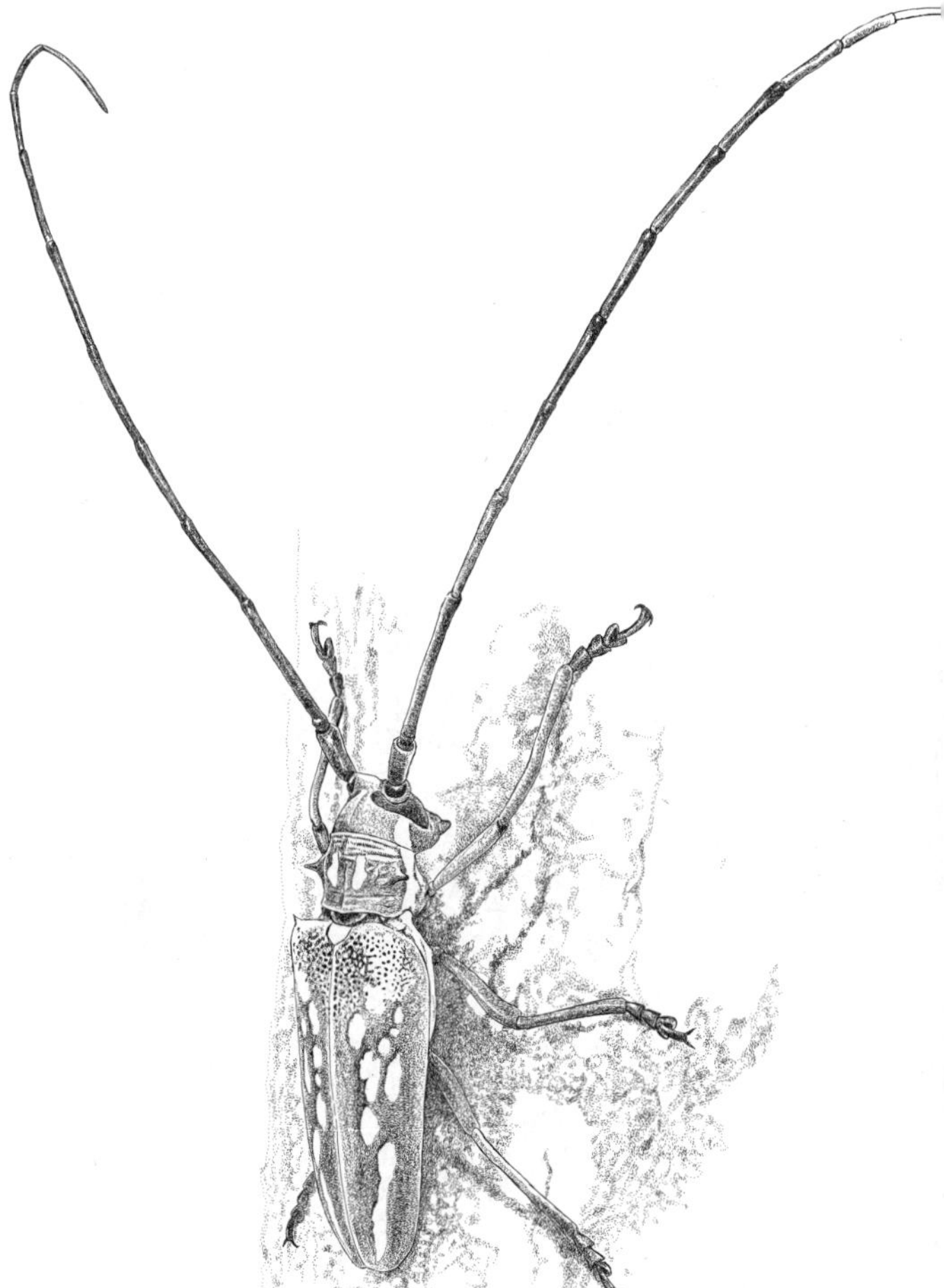

もちろん、いるのかいないのかさえ、わからないのだ。

ところが、鉄壁と思えるテッポウムシにも、ちゃんと天敵がいるのだから、自然界は侮れない。

シロスジカミキリは日本最大のカミキリムシである。ところが、ウマノオバチというハチは、このシロスジカミキリを獲物として狙う。

ウマノオバチはその名のとおり、馬の尾のように細くて長い尾を持っている。体長わずか二センチの小さなハチなのに、その尾は十五センチにもなるから、相当の長さである。この長い尾は、ウマノオバチの産卵管である。

ウマノオバチのように他の昆虫に卵を産みつける寄生バチは、長い触角を持っているのが特徴である。この触角で、テッポウムシの幼虫からわずかに発散されるにおいをかぎつけてテッポウムシが潜む木にたどりつくと、穴の中の幼虫が立てるかすかな音を聞きつけて、テッポウムシの幼虫の位置を探索する。そして、テッポウムシの穴に長い産卵管を突き刺して、テッポウムシの体に卵を産みつけるのである。

こうなると木の中に籠城していたのが仇となってしまった。もはや、テッポウムシに逃げ場はない。哀れテッポウムシは、やがて卵から孵ったウマノオバチの幼虫の餌食となってしまうのである。

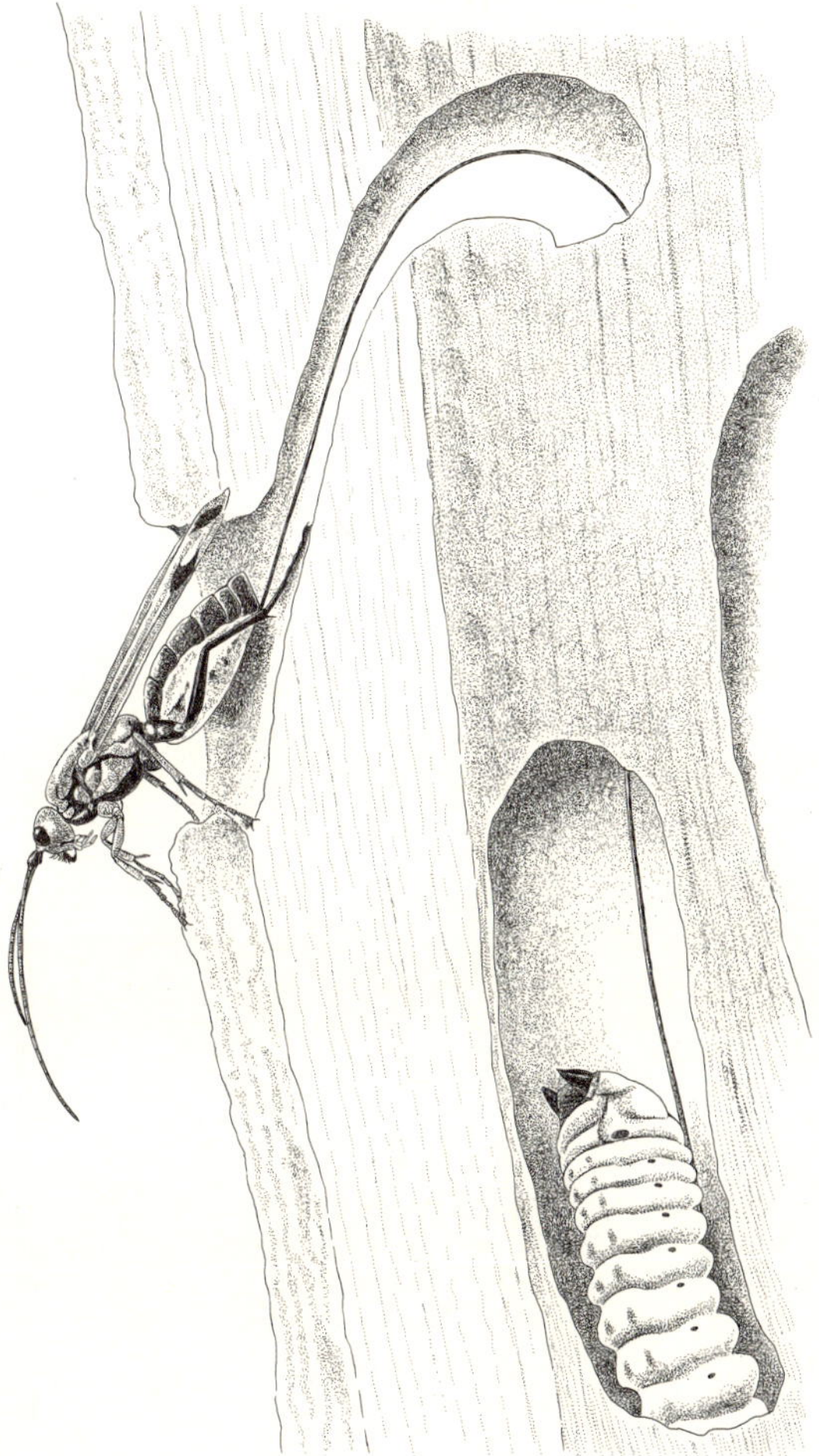

自然界には絶対、安全という場所はない。この世に生きるすべての生き物たちが、こんなに厳しい自然界を生き抜いているのだから、生命のたくましさには敬服するばかりである。

タマムシ

輝きは時代を超えて

政治の世界はよく「玉虫色」に決着する。

タマムシの羽は見る方向によって、違って見える。しかし、どの方向から見ても美しい。このように見方によってさまざまな見え方をすることが、政治の世界では好まれるのであろう。

それでは、タマムシの羽の色は、どうして見る角度によって変わるのだろう。

じつはタマムシの羽には色があるわけではない。

色素は特定の波長の光を吸収することで色を発する。たとえば、植物の色素は緑色の光以外の波長の光を吸収する。そのため、葉は緑色の光だけを反射して緑色に見えるのである。同じように赤い色は赤い光だけが反射されることによって赤く見えるし、青い色は青い光だけが反射されることによって青く見える。

ところがタマムシの羽は、微細なナノ構造をしていて、光をさまざまに反射したり、散乱させたりする。そのため、見る角度によって反射される光の波長が異なり、特定の光が重なって強調される。このしくみによって、さまざまな色に見えるのである。

タマムシが、このような不思議な構造色をしているのには理由がある。

鳥よけに、いらなくなったCDを吊り下げている光景をよく見かけるが、これは、鳥がキラキラした金属色におびえる性質があるため、鳥よけに利用しているのである。じつはCDの裏面がキラキラと虹色に輝くのも、タマムシの羽と同じしくみである。CDの裏面は、細い溝が無数に並んでいる。そのため、光がさまざまに反射してキラキラと複雑に輝くのである。

タマムシもキラキラと輝く羽で、鳥から身を守っている。コガネムシの仲間はピカピカの宝石のような色をしたものや、金属色をしたものが多いのも、同じように鳥から身を守るために、タマムシと同じ羽の構造を持っているためである。また、コガネムシの場合はピカピカの体がまわりの風景を映しこんで保護色になる効果も知られている。

CDもナノ構造も知らない昔の人々は、タマムシの宝石のような美しさに魅了された。

「玉虫」の「玉」とは宝石を意味する言葉である。

美しいタマムシは、吉兆虫と呼ばれて、タンスに入れておくと着物が増えると言われたり、お金に困らないと信じられていた。そして、嫁入り道具のたんすには、そっとタマムシが一匹入れられたのである。

143　タマムシ

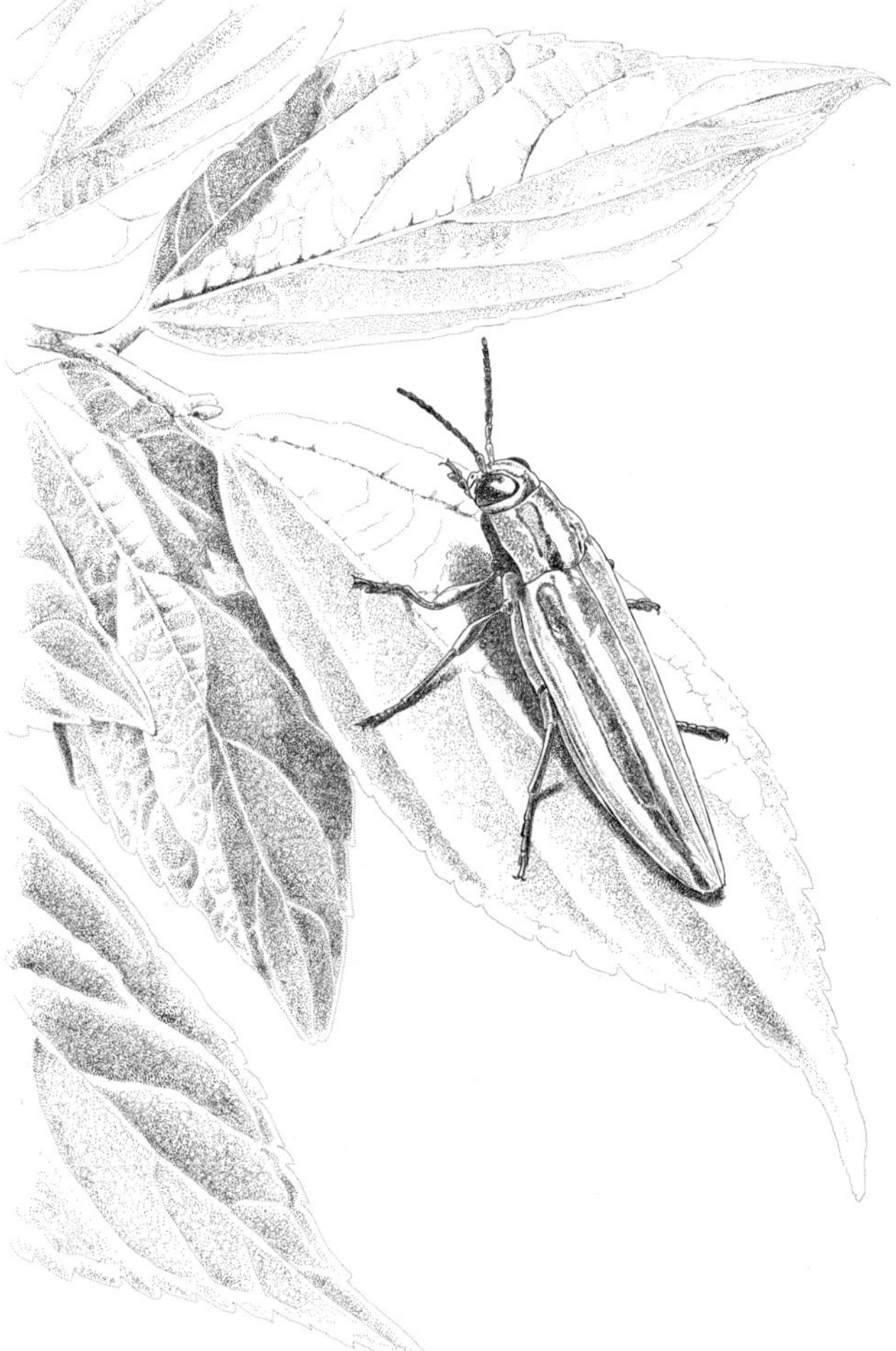

有名なのは玉虫厨子だろう。飛鳥時代に作られた玉虫厨子には、四千五百匹ものタマムシの羽が貼りつけられている。現在では、ほとんどの羽が取れて失われてしまったが、よく見るとわずかに残った羽が今も輝きを放っていて、当時の面影を残しているという。

どんなものでも色がついているものは、時間とともに色あせてしまう。ところが、タマムシの羽には色がついているわけではない。ただ、その微細な構造で光を反射しているだけである。そのため、どんなに長い時間を経ても、タマムシの羽は色あせることがなく、いつまでも、その妖しいまでに美しい輝きを失わずにいるのである。

千四百年もの時を経ても、タマムシの羽は、当時の輝きを失うことがない。

見る人によって見え方が違う「玉虫色」とはいうけれど、昔の人も同じタマムシの輝きを見ていたのかと思うと、本当に不思議な気持ちにさせられる。

ハンミョウ

——道を教える理由

日本人というのは、どうにも英語に弱い。

どんな歌でも英語の歌だというだけで、意味もわからずカッコいいし、ただの古新聞でも英字新聞だとおしゃれな感じがする。片言の英語が喋れるというだけで、なぜか尊敬されるし、英語がしゃべれない割には、コンプライアンスがどうだとか、アポイントメントがどうだとか、よくわからないカタカナ言葉を使いたがる。

ただし、英語の言い回しが、何となくカッコいいのも確かである。

「君を誇りに思うよ」とか「夢がかなうことを祈ってるよ」とか、欧米人は日常会話の中でも、まるで映画みたいなセリフをさりげなく使う。

どういうわけか、虫の名前も英語で言うとカッコいいものが多い。トンボは英語ではドラゴンフライ（竜の昆虫）、ホタルはファイヤーフライ（炎の昆虫）である。カブトムシは、その角と装甲からサイの甲虫という意味で「ライノセラスビートル」と呼ばれている。これだけで、スーパーヒーローの乗りもののようなかっこよさだ。

田んぼや畑などで見かけるコモリグモというクモは、「子守り」をすることに由来する名前だが、英語では、ウルフスパイダーという。オオカミのような狩りをすることから名づけられた。

そして、ここで紹介する昆虫は「タイガービートル」である。大きく鋭い牙で獲物を捕らえる姿から名づけられた。確かに大きな牙は氷河時代のサーベルタイガーをも思わせる。

一方、タイガービートルは、日本では「斑猫《はんみょう》」という。つまりは、斑点のある猫という意味だ。発想はよく似ているが、「虎」が「猫」になってしまったのである。

日本では、ハンミョウは「道おしえ」という別名でも呼ばれている。

人間が近づくと、羽を広げてジャンプし、人が進む少し先に着地する。そして、また近づくと、ハンミョウはその先へとジャンプする。こうして、人が行く先々へ進んでいくので、まるで、道案内しているようだと考えられたのである。

ハンミョウは明るく開けた場所を棲みかにしている。そのため、両側の草むらではなく、前方の開けた道へと逃げていく。そして、人が近づくと、人が来るのと反対側へと道を逃げていくしかない。人間に追われながら逃げていくこのようすが、道を教えているようだと思われたのである。

ハンミョウは藍色や緑色、赤色、紫色が入り混じった虹のような鮮やかな色をしている。ハンミョウが派手な色をしているのは、一四二ページで紹介したタマムシと同じように光沢色で鳥の攻撃を避けるためである。

ところが、あまりにも妖艶で毒々しい色合いからか、毒がないにもかかわらず、毒虫だと信じられてきた。実際には、毒があるのは、ツチハンミョウという別の種類の昆虫である。ツチハンミョウの毒成分は、中国では生薬として用いられる一方で、暗殺用の毒としても利用された。ところが、ツチハンミョウよりもハンミョウの色の方が毒々しいので、無毒なはずのハンミョウが、日本では毒虫とされてしまったのである。

この誤解によって、多くのハンミョウの命が奪われてしまった。そして、その代わりに、一方では毒殺されかけた多くの人の命が救われたのである。

149　ハンミョウ

コオイムシ

育メンパパは強いのだ

昔は、子育ては母親の仕事とされていたが、最近では父親の育児参加が行われるようになった。いまどき、子育てが女性の仕事というのは古い。父親も積極的に子育てに参加する時代なのだ。子育てをするお父さんは、世間ではイケメンならぬ育メンと呼ばれている。

虫の中にも子育てするものは多いが、残念ながら、メスが子どもの世話をするものの方が多い。

二三八ページで紹介するハサミムシも、メスが卵を守っているし、一四七ページで紹介したコモリグモというクモは、その名のとおり、子守りをするクモだが、母親が卵を持ち歩き、卵から赤ちゃんが孵ると、背中に乗せて移動する。

これに対してコオイムシは、父親が世話をする虫である。

コオイムシは「子負い虫」である。コオイムシのメスは、交尾をしたオスの背中に卵を産みつけると、どこかへ行ってしまう。そして、オスはその後、卵が孵るまで、卵を背負って泳ぐのである。卵が邪魔でなかなかうまく泳げないから、卵を背負ったオスは満足に餌を取れないときも多い。

コオイムシの仲間のタガメも、同じようにオスが卵を守る。

タガメのオスはさらに大変である。タガメの場合は、メスが草の茎などに卵を産みつけた後、オスがその場を離れずに守る。そのため、オスは完全に飲まず食わず、である。しかも乾燥しないようにときどき水を掛けたりしなければならないから、結構忙しい。

タガメのオスには、さらなる悲劇が待っている。結婚相手を探すメスが、卵を守るオスを見つけると、オスをわがものにするために、オスが守っている卵をバリバリと壊してしまうのである。タガメのオスには、自分が生きているうちに子孫を残さなければならないという使命があるから、気の毒なことに守るべき卵を失ったオスは悲しみに暮れる間もなく、卵を壊した犯人であるメスと結ばれる。そして、新たなメスが産んだ卵を再び、守り続けるのである。もちろん、その卵も別のメスが壊しにやってくるかもしれない。複数の女性に狙われるなんてモテる男と言えば聞こえがいいが、オスは大変である。タガメのオスの子育ては、じつにけなげで哀しい。

それに比べると、卵を背中に背負うコオイムシの子育てはずいぶんと気楽に見える。泳ぎにくいとはいえ、餌もまったく取れないわけではないし、卵が乾燥してしまうこともない。子育てに手が掛からないとなると、男というものは不埒なもので、卵を背負いながらも他のメスと交尾をして、複数のメスの卵を背負っているコオイムシも少なくない。コオイムシは、自分を犠牲にすることもなく、子育てと人生を楽しんでいるという感じがする。

虫の種類によって子育ての仕方はさまざまである。しかし、いずれにしても子育てができるということは、親が強いことの証しでもある。

親が卵を守っていても、肝心の親が食べられてしまっては、卵は全滅してしまう。虫はそもそも、小さく弱い存在で、鳥や魚の餌になりやすい。そのため、多くの虫たちは、子育てをするのではなく、たくさんの卵を産みっぱなしにして、そのうちのどれかが生き残るようにしている。つまり、子育てをしたくても、できないのである。そんな、子どもを保護する力を持たない弱い生物にとっては、産みっぱなしにすることもまた、子孫を残すための立派な戦略なのである。

そのため、子育てをするのは敵が少ない虫に見られる。虫の仲間では卵を守るものには、クモやサソリ、ハサミムシなど比較的、強い虫が挙げられる。また、虫以外でもたとえば、体内で卵を孵してお腹の中で赤ちゃんを守る卵胎生の生物は、サメやマムシなど敵のいない強い生き物が多い。そして、鳥類や哺乳類のように、比較的、自然界では

153　コオイムシ

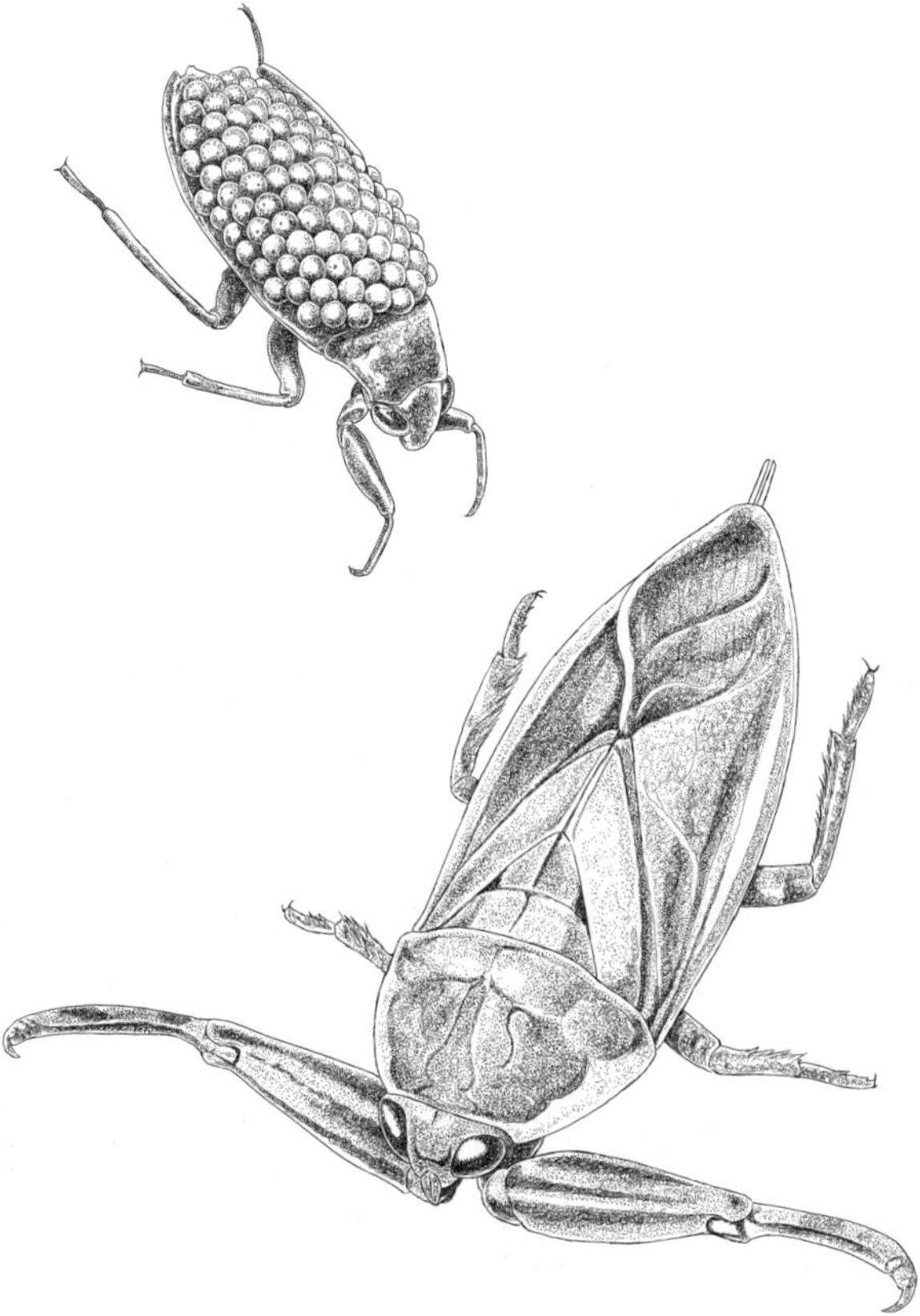

強い立場にいる生物は、子どもの保護をして、確実に子孫を残す道を選んでいるのである。

水中では多くの虫たちがカエルや魚の餌になっているが、コオイムシやタガメは肉食で、逆にカエルや魚を食べる。つまり、天敵が少ないのである。

大の男が赤ちゃんにミルクをあげたり、おむつを替えたりしているのを見て、軟弱男と嘆く向きもあるが、そうではない。子育てをするということこそが、守るべきものがある「強さ」の証しなのである。

ケラ

おけらだって生きている

競馬やパチンコなどの掛けごとで負けて一文無しになってしまうことを「おけらになる」と言う。

土の中に穴を掘って暮らしているケラは、シャベルのような大きな前脚を持っている。ケラをつかまえると、土の中にもぐって逃げようと、前脚をいっぱいに広げる。この姿がバンザイをしてお手上げをしている姿に似ていることから、「おけらになる」と言われるようになったのである。

昔の子どもたちはケラをつかまえては「あなたの家はどのくらいお金ある？」「お前のちんちんは、どれくらい？」と問いかけて遊んだ。そのたびケラは、前脚をいっぱいに広げて「これくらい」と答えるのである。

何ともバカにされたものだ。精一杯前脚を広げた長さは、虫のおちんちんにしては相当でかいが、これがケラのせめてもの見栄だろうか。

そもそも「ケラ」の名前は「虫けら」に由来しているというから、ひどい。「虫けら」は漢字では「虫螻」と書き、「螻」は昆虫全般を表す言葉で、取るに足りない虫という意味がある。この取るに足りない虫の代表のような名前をつけられたのである。ケラは漢字では、「虫螻」の「螻」に接尾語の「蛄」をつけて、「螻蛄」と書く。

現代では、唱歌「手のひらを太陽に」の歌詞の中で「みみずだって　おけらだって　あめんぼだって　みんなみんな　生きているんだ　友だちなんだ」と子どもたちに歌われて、ずいぶんと扱いが良くなったようにも思えるが、よく考えてみれば、「おけらだって」と歌われているのだから、生き物の中では底辺にいる存在と見下されているということだ。

人々にさげすまされているのは、ケラが土まみれになって地中に暮らしているからだろう。

しかし、ケラが土の中に潜んでいるのは、外敵から身を守るという立派な理由があってのことである。土の中にいれば、昆虫の天敵である鳥やカエルの目から逃れることができるから、土の中に潜むというのは相当に優れた戦略である。事実、古来より、優れた戦術家は穴を掘って敵地に侵入したり、抜け穴で巧みに逃れたりしているではないか。

そもそも、土の中に穴を掘って潜むことだって、実際には簡単ではない。よくSF映画やロボットアニメではドリルのついた乗り物が地中に深くもぐっていくが、これでは

ドリルと同じ直径の穴を掘ることはできても、本体がその穴を通って地中を潜行することはできない。穴を掘って進むためには、掘った土を後ろへ掻きだしていかなければならないのだ。

ケラは、前脚はパワーシャベルのようにギザギザがついた大きなシャベルになっていて、掘った土を体の後ろへと送っていくのである。また、前脚には行く手を阻む草の根っこを切るカッターのようなトゲもついている。

頭は大きいが、体は細長く穴を通りやすい体型である。さらに体の前半分は鎧のように堅くなっていて、穴にもぐり込めるようになっているのに対して、下半身はやわらかいので掘った穴に滑り込むことができる。しかも下半身にはやわらかな毛が生えていて、体に土が付着するのを防いで、スムーズに穴の中を進むことができるようになっている。

これだけの工夫があるから、ケラは地中を自在に進むことができるのである。

不思議なことに、ケラの姿はモグラとよく似ている。

昆虫のケラと哺乳類のモグラはまったく別の進化をたどってきたが、地中生活にもっとも適応した優れた形を追い求めた結果、最終的には、どちらもよく似た姿にたどりついた。このように種類は違っても、結果としてよく似た形に進化する現象は「収斂進化」と呼ばれている。

ケラは英語では、「モールクリケット」という。これは「モグラコオロギ」という意味である。じつはケラはコオロギの仲間で、コオロギと同じように鳴くことができるのだ。

春から秋の夜に、地面の下で鳴く「ジー」というケラの鳴き声は、トンネル内に反響して聞こえるので、とても不思議な音色である。昔の人は地面の下から聞こえるこの鳴き声を、ミミズが鳴いているのだと考えていた。「ミミズ鳴く」は現在でも秋の季語として使われているが、もちろんミミズが鳴くということはない。

ケラは音を立てる前羽とは別に、長く伸びた後羽で飛ぶこともできる。さらには、体に生えた毛が水をはじき、前脚で水を掻いて素早く泳ぐこともできる。まさに陸と空と水のすべてを移動することができるのである。

こんなに多芸なのに、昔の人はいずれの能力も上手ではないと考えたのだろう。多芸ながら秀でた芸がない人は「けら芸」とケラにたとえてバカにされた。

しかし、考えてみれば「おけらだって」と言われるけれど、「おけら」と「お」をつけてていねいな呼ばれ方をする虫は他にはいない。

おけらは、バカにされているようで、何とも愛された虫でもあるのだ。

カイコ

あなたなしでは生きられない

前項(一五九ページ)で、「お」をつけて、ていねいな呼び方をするのは虫では「おけら」くらいだと書いたが、じつは「お」ばかりか「さま」までつけて呼ばれる虫がいる。

カイコである。カイコは「おかいこさま」と呼ばれて、昔から人々に神聖視されてきた。

お馬さんとか、お猿さんとか、人間以外の動物に「さん」をつけることはあるが、「さま」をつけるのは、動物でも、悪法の「生類憐みの令」で知られる徳川五代将軍綱吉の「お犬さま」くらいである。

美しい光沢を持つ絹は、カイコの吐きだす糸である。カイコは絹を生産するために、人間に飼育される昆虫である。

カイコはクワコという蛾から改良されたもので、中国では少なくとも五千年前に家畜として飼育されていたというから、その歴史は古い。養蚕は中国で盛んに行われたが、古代ローマやペルシャでは、美しい絹が何を材料にして、どのように作られるのか、その製法はまったくの謎であった。繊維といえば、綿や麻のように植物から取るのが一般的だったので、まさか虫から繊維が取れるとは思ってもいなかったのである。そのため、古代ローマやペルシャでは、絹を中国から輸入するしかなかった。こうして絹を西へと運んだ道がシルクロード（絹の道）なのである。

養蚕は、日本では稲作と時を同じくして伝わったとされている。『日本書紀』には、こんな物語が綴られている。

ツクヨミという神が、ウケモチという食物の神を訪問したところ、口から食物を出してもてなした。それを見たツクヨミは口から吐き出したものを出したと怒って、ウケモチを殺してしまった。するとウケモチの屍体からカイコや、イネ、雑穀、豆類が生まれ、農業が始まったというのである。ウケモチは口から食べ物を出して嫌われたが、カイコは口から絹を出して喜ばれている。

五千年の歴史を持つ養蚕は、稲作と並ぶべき知恵と技術の結晶である。

まず、卵を温めて幼虫に孵化させると、生まれたばかりの幼虫を羽ぼうきでやさしく蚕座と呼ばれる飼育箱に移す。そして、小さな幼虫のためにやわらかいクワの葉を小さく刻んで与えてやるのである。やがて、カイコはじっと動かなくなり「眠」という状態になる。そして脱皮をして、大きくなると再びクワの葉を食べ始めるのである。こうして「眠」と脱皮を繰り返しながら、成長するにつれてカイコは盛んに葉を食べ始める。一斉にカイコが葉を食べている間は、ザアザアと雨が降る音のようにやかましい。こうなると農家は大忙しだ。クワの葉がなくならないように、常に新鮮なクワの葉を桑畑へ取りにいかなければならないのである。

何という世話の焼ける昆虫だろう。

人間に飼いならされたカイコは、自然界では生きていくことはできない。小さな幼虫は、やわらかな葉を刻んで与えてやらないと食べることができないし、大きくなっても、枝につかまることもできない。他の芋虫のように動き回ることもなく、ただ、目の前に置かれた葉を食べるのみである。そして、まぶしと呼ばれる繭を作るための枠に入れてやらないと、満足に繭を作ることさえできないのだ。本当に、何から何まで面倒を見てもらわないと生きていけないのである。さらに、成虫になったカイコは羽があって一生懸命ばたつかせるが、飛ぶことはできない。

家畜化されたカイコは、もはや、人間の力がないと生きていくことができないのだ。

明治以降、生糸は日本の重要な輸出品とされて、全国各地で養蚕は盛んに行われた。ただ現在では化学繊維に押されて、カイコを飼う農家は少なくなりつつある。しかし、

養蚕が日本にもたらしたものは大きい。絹織物を作る自動織機の技術は自動車メーカーに引き継がれ、日本の自動車産業など工業の発展の礎となったのである。

それだけではない。最近ではカイコの遺伝子を組み替えて、医薬品の原料など有用な物質を生産するカイコの幼虫や、微量な化学物質を感知する触角で麻薬を嗅ぎわけるカイコの成虫など、新たな機能を持ったカイコの開発も行われている。

どれだけ人間に尽くしてくれるのだろう。人間と共に五千年を生きてきたカイコは、まだまだ人類に新たな未来を見させてくれているのである。

ミイデラゴミムシ

最強のへっぴり腰

「へっぴり虫」と呼ばれる虫がいる。

田んぼの畦などに見られるミイデラゴミムシという ゴミムシは、つかまりそうになると、お尻からポンと大きな音を立てて、ガスを噴き出す。このようすが、おならをしているようなので、「屁っ放り虫」と呼ばれているのである。

ちなみに「へっぴり腰」という言葉もあるが、これは腰が引けてお尻を後ろに突き出した姿が、おならをしているようすに見えることに由来している。

もちろん、ミイデラゴミムシはおならをしているわけではない。「へっぴり」とは言われるけれど、ミイデラゴミムシが噴出するガスは、身を守るための最強の武器なのである。

よく知られるように、スカンクは敵に襲われると、悪臭のする分泌液を吹きかけて身を守るが、ミイデラゴミムシの出すガスも悪臭がする。さらにミイデラゴミムシのガスは温度が一〇〇℃に達するほど高温で、天敵の鳥やカエルに火傷を負わすほどの威力がある。

それにしても、この小さな虫が、どのようにしてこのような危険なガスを体内に蓄えているのだろうか。

ミイデラゴミムシにとっても、ガスのまま体内に蓄えていたのでは危険でたまらない。ミイデラゴミムシは、体内の器官でヒドロキノンと過酸化水素という二つの物質を別々に生産する。この二つの物質はそれぞれ危険のない物質である。ヒドロキノンは、脱皮後の外皮を固くするときに利用する物質であるし、過酸化水素は、細胞の生体防御反応に用いられる物質である。

危険が迫ると、ミイデラゴミムシは、体内でこの二つの物質を混ぜ合わせ、酵素を加える。すると急激な化学反応が起こって、ベンゾキノンという高温のガスが生産される。そして、ミイデラゴミムシは敵に向かってその高温のガスを吹き付けるのである。噴射口は肛門ではないから、けっして屁ではない。しかも、おならと違って噴射口の向きを変化させて、敵を狙って発射させることができるし、連続発射も可能である。いたって大まじめな武器なのだ。

驚くべきことに、二つの物質を混ぜ合わせた化学反応によって高温のガスを噴射するというしくみは、ロケットエンジンのしくみと同じである。ミイデラゴミムシは、どの

167　ミイデラゴミムシ

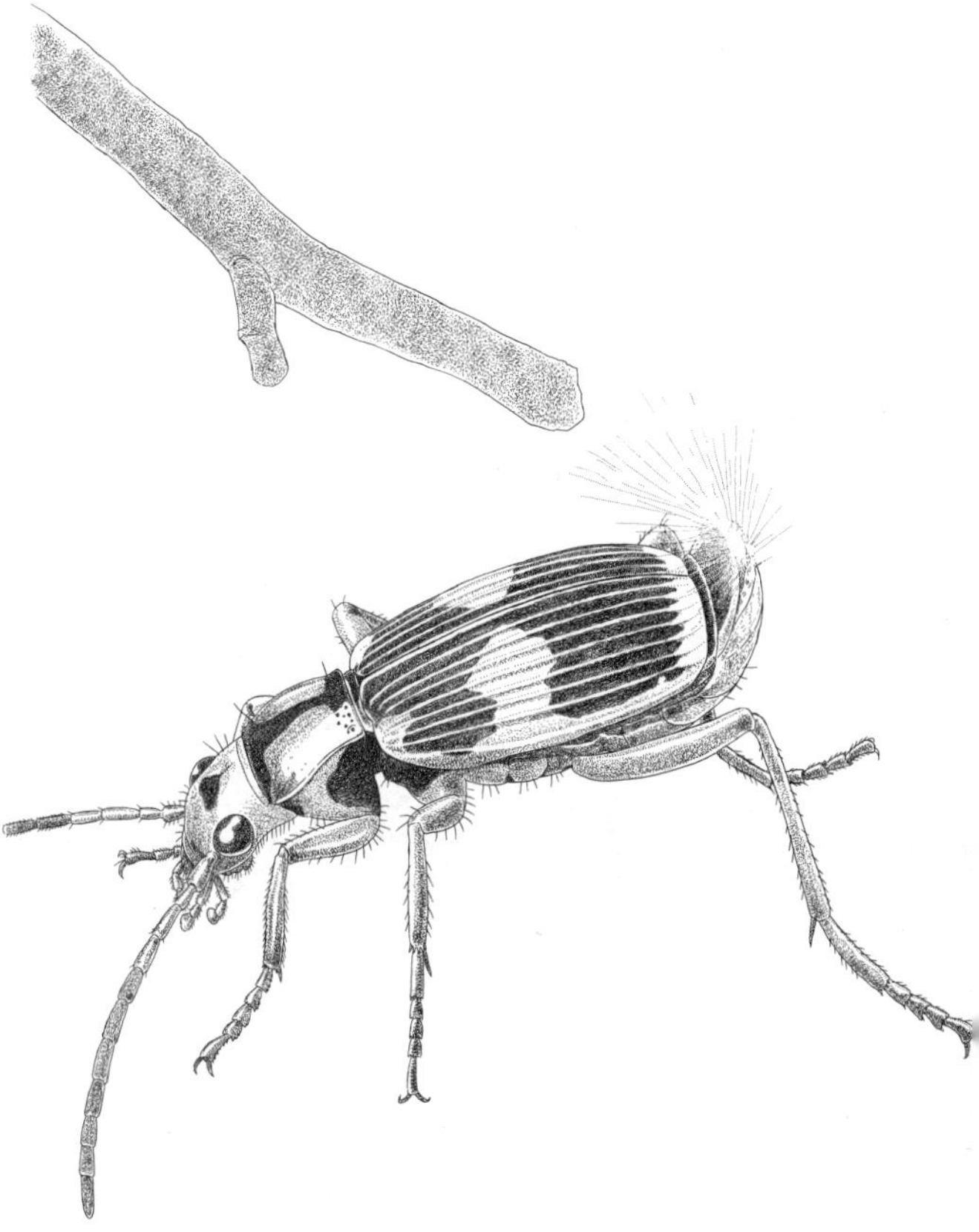

ようにしてこんな方法を思いついたのだろう。そして、どうやってこの化学反応を見出したのだろう。まったくもって、不思議である。

ミイデラゴミムシのミイデラは「三井寺」と書く。どうして三井寺なのかは、謎であるが、一説によると三井寺の地に残された「放屁合戦」という鳥羽絵に由来して、屁を放るこの虫に「三井寺」の地がつけられたとも言われている。

「三井寺」という立派な名前はつけてもらっても、結局、その由来は「屁」なのだから、悲しい限りだ。

アカイエカ

——命がけのミッション

ミッションはこうだ。

何重にも張り巡らされた防御網を突破して、敵の隠れ家の奥深く侵入し、巨大な敵の体内に埋め込まれた目標物を奪ってくる。もちろん、そこからさらに防御網をかいくぐって脱出し、無事に帰還しなければならない。

こんなハードな難題を成し遂げるヒーローを主人公にすれば、ハリウッド映画顔負けの大作となること間違いなしだろう。しかも正確には、その主人公は女性だから、ヒーローではなく、ヒロインである。

このヒロインこそが、私たちの血を吸いにやってくるメスの蚊である。

私たちの身のまわりにいる蚊は、主に茶褐色のアカイエカと白黒模様のヒトスジシマカがいる。ヒトスジシマカは庭の藪などによく潜んでいて、別名を「やぶ蚊」という。これに対してアカイエカは「赤家蚊」の名前のとおり、夕方になると果敢に家の中に侵入してくる。

何とも困り者のアカイエカではあるが、蚊の視座に立ってみてほしい。機密性の高い家の網戸をかいくぐり、家の中に侵入しなければならない。首尾よく家の中に侵入できたとしても、蚊取り線香や虫よけ剤の罠が待ち受けている。小さな蚊にとっては、強烈な毒ガスである。

そして、部屋にたどりついてからが大変だ。人の体温や吐く息からターゲットとなる人間を見つけ出し、危険な人間に近づかなければならない。そして、気づかれないように、人間の血を抜き取らなければならないのだ。

人間の血管から血を抜き取る作業も簡単ではない。

まず気がつかれないように、肌に針を突き刺さなければならない。そして、毛細血管に唾液を注入する。この唾液の中には痛みを麻痺させる物質や血を凝固させない物質が含まれている。それから、はじめて毛細血管の中の血を吸うのである。血を吸う作業もどんなに急いでも二〜三分はかかる。その間に人間に気がつかれたら、最後、平手打ちが飛んでくる。これをまともに食らったら、一巻の終わりである。まさに、手に汗握る時間である。蚊にとっては本当に一分間が長く感じられることだろう。

しかし、本当に大変なのはここからである。無事にミッションを成し遂げた後は、家の外へと脱出しなければならないのだ。入るときはたまたま網戸の隙間を見つけたかも

171　アカイエカ

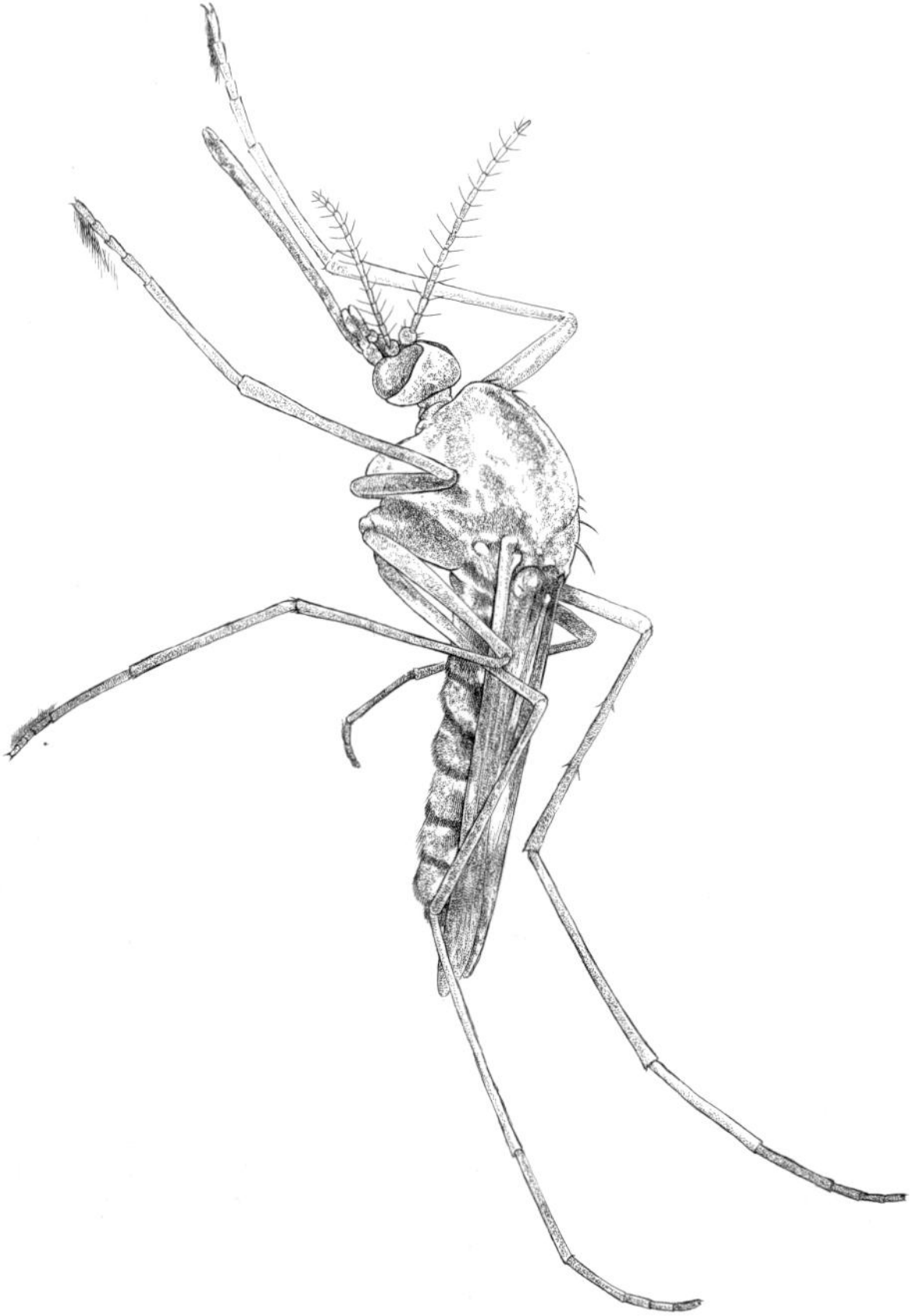

しれないが、機密性の高い現代の家には、出口が簡単に見つかるわけではない。

しかも蚊の体重は二~三ミリグラムだが、血を吸った後は、五~七ミリグラムにもなる。重い血液を抱えてふらふらと飛びながら、人間に打たれないように帰還しなければならないのだ。何という困難なミッションなのだろう。

そう考えると、はるばる自分のところにたどりついた蚊が、妙に愛おしく感じられてしまうから不思議だ。

メスの蚊が困難なミッションに挑むには理由がある。

蚊は、ふだんは花の蜜や植物の汁を吸って暮らしている。しかし、メスの蚊は卵を産むために、たんぱく質を必要とする。そのたんぱく源を得るために、動物や人間の血を吸わなければならないのである。憎たらしい吸血鬼も、その正体は、わが子のために命を懸ける一途な母親の姿だったのである。

それでは、蚊のオスはどうだろう。

家の外では、無数のオスの蚊が集まって飛びながら、蚊柱を作っている。オスの蚊は集団で羽音を立てて、メスの蚊を呼び寄せる。そして、蚊柱にやってきたメスの蚊は、蚊柱の中でパートナーを選び、交尾をするのである。そして交尾を終えたメスの蚊は決死の覚悟で家の中へと向かっていく。

それを見送るオスはというと、ただただ蚊柱を作って飛んでいるだけである。勇気あるメスと比べると、家の外でたむろしているだけのオスの蚊柱どもは、ずいぶんとだらしなく思えてしまう。

オンブバッタ

男ってやつは

オンブバッタは、大きいバッタの上に小さいバッタが乗っていることが多い。このようすが、まるでおんぶしているように見えることから、オンブバッタと名づけられた。おんぶされている方のバッタは小さいので、子どものバッタのようにも思えるが、れっきとした大人のバッタである。

二匹のバッタは、オスのバッタとメスのバッタのカップルである。それでは、下側の大きいバッタと上側の小さいバッタは、どちらがオスで、どちらがメスだろうか。

人間であれば、男性の方が大柄で、女性の方が小柄なイメージがあるが、オンブバッタは逆である。じつは、おんぶしている大きなバッタの方がメスで、おんぶされている小さなバッタがオスなのである。

メスに必死にしがみついているオスの姿は、女子に頭が上がらない昨今の草食系男子を思わせるが、オンブバッタはバッタなのでオスもメスも草食系である。

それにしても、オンブバッタは、どうしてメスの方が大きいのだろうか？

175　オンブバッタ

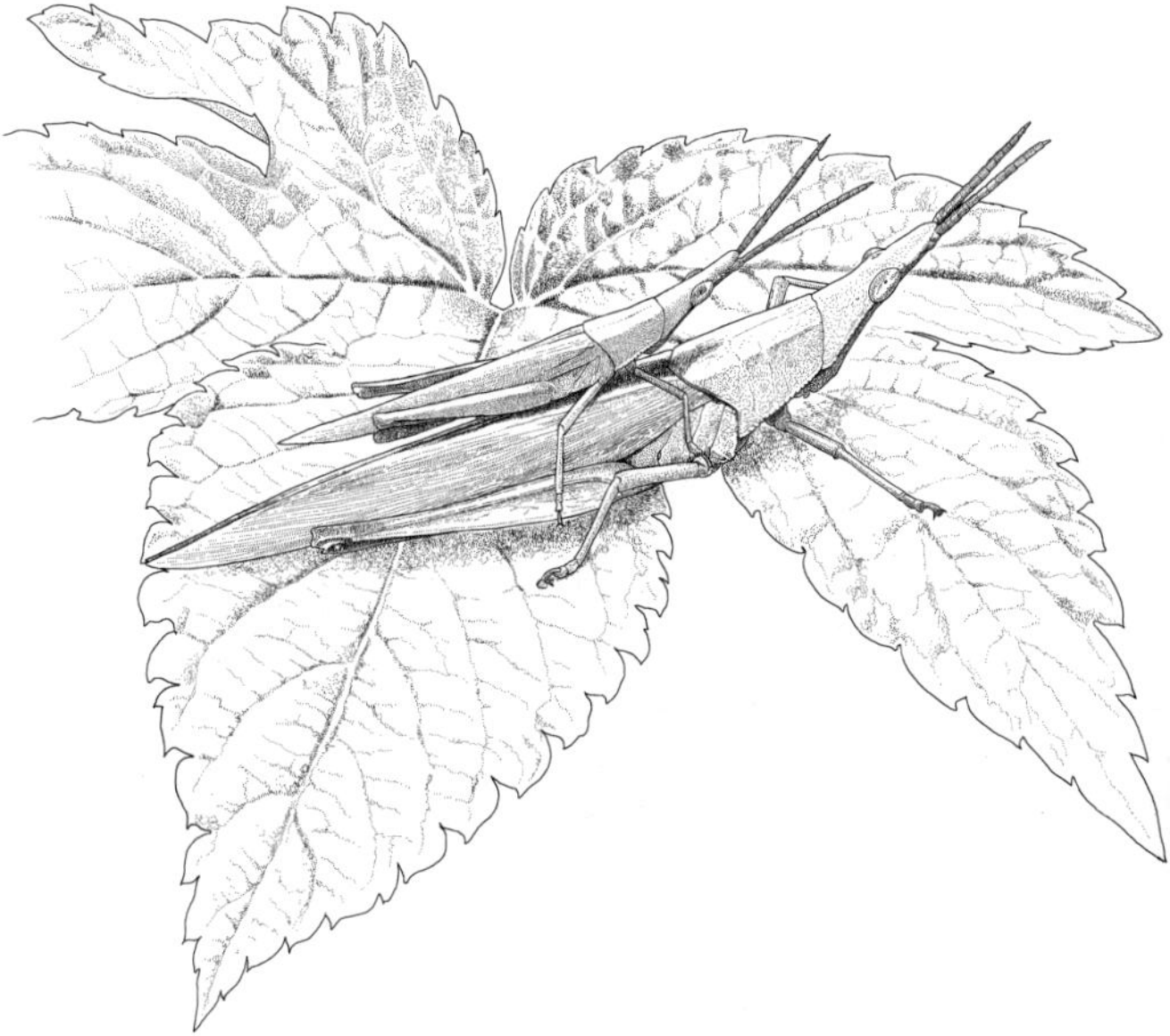

昆虫の中にはカブトムシのようにオスの方がメスよりも大きいものもいるが、どちらかというと、メスの方が大きいものも多い。

オンブバッタのように草食の昆虫は、体が小さい方が有利である。小さい方が敵に見つかりにくいし、餌も少しで済むからである。ところが、メスの場合は、体が小さいとたくさんの卵を産むことができない。そこでメスは自分の子孫を少しでも多く残すために、命がけで体を大きくするのである。

一方、カブトムシなどはオスの方が大きいが、これはメスを敵から守るためである。ちなみに人間など哺乳類も、オスの方が大きいが、これもメスを守るためだ。

他のバッタ類もオンブバッタと同様にメスの方が大きく、交尾のときにはオスがメスの背中に乗るが、オンブバッタは、メスの交尾の準備がととのう一カ月以上も前から、メスの上に乗っている。

オンブバッタは後脚が短く、ジャンプ力が弱いので、遠くへ移動することができない。そのせいで、メスに出会うチャンスが少ないので、メスを見つけたらすぐにしがみついて、交尾ができるようになるまで待っているのである。情けないようにも思えるが、おんぶしているメスの方が餌を食べても、メスの上に乗っているオスは何も食べることができない。そして、ひたすら交尾できる瞬間を待っているのだから、交尾に対するオスの執念は相当のものである。

しかも他のバッタは交尾が終わるとオスとメスとは離れるが、オンブバッタのオスは交尾をした後もメスの背中に乗ったままである。これは、やっと交尾したメスを他のオスに横取りされないように守っていると考えられている。もちろん、餌も食べずに、である。

本当に男ってやつは……。オンブバッタを見ていると、男というものがどんなに哀しい生き物なのか、わかるような気がする。

ショウリョウバッタ

祖先の霊は腰が低い

ショウリョウバッタは「精霊《しょうりょう》ばった」である。

「精霊」とは、先祖の霊や魂のことである。

お盆には先祖の霊が、子孫の元に帰ってくるが、ショウリョウバッタは、お盆の頃になると目立つようになる。そのため、ショウリョウバッタは先祖が姿を変えたものだと考えられていた。そのため、「精霊ばった」と呼ばれるようになったのである。あるいは、お盆に川に流す精霊流しの盆船に似ていることから名づけられたという説もある。

草刈りがされて手入れの届いた草むらを好むショウリョウバッタは、農作業の合間に畦に腰を掛けて休んでいるとよく見かける。また、墓地などのわずかな草むらに見られることも多い。さらに、日本で最大のバッタであるショウリョウバッタは、体が大きいのでよく目立つが、脚が長すぎるために動きが鈍い。バッタなのに飛んで逃げることもなく、ぎこちなく歩き回るだけである。つかまえて逃がしてやっても、急いで逃げるわけでもなく、すがるように近くをまとわりついて、こちらをじっと見ている。こんなよ

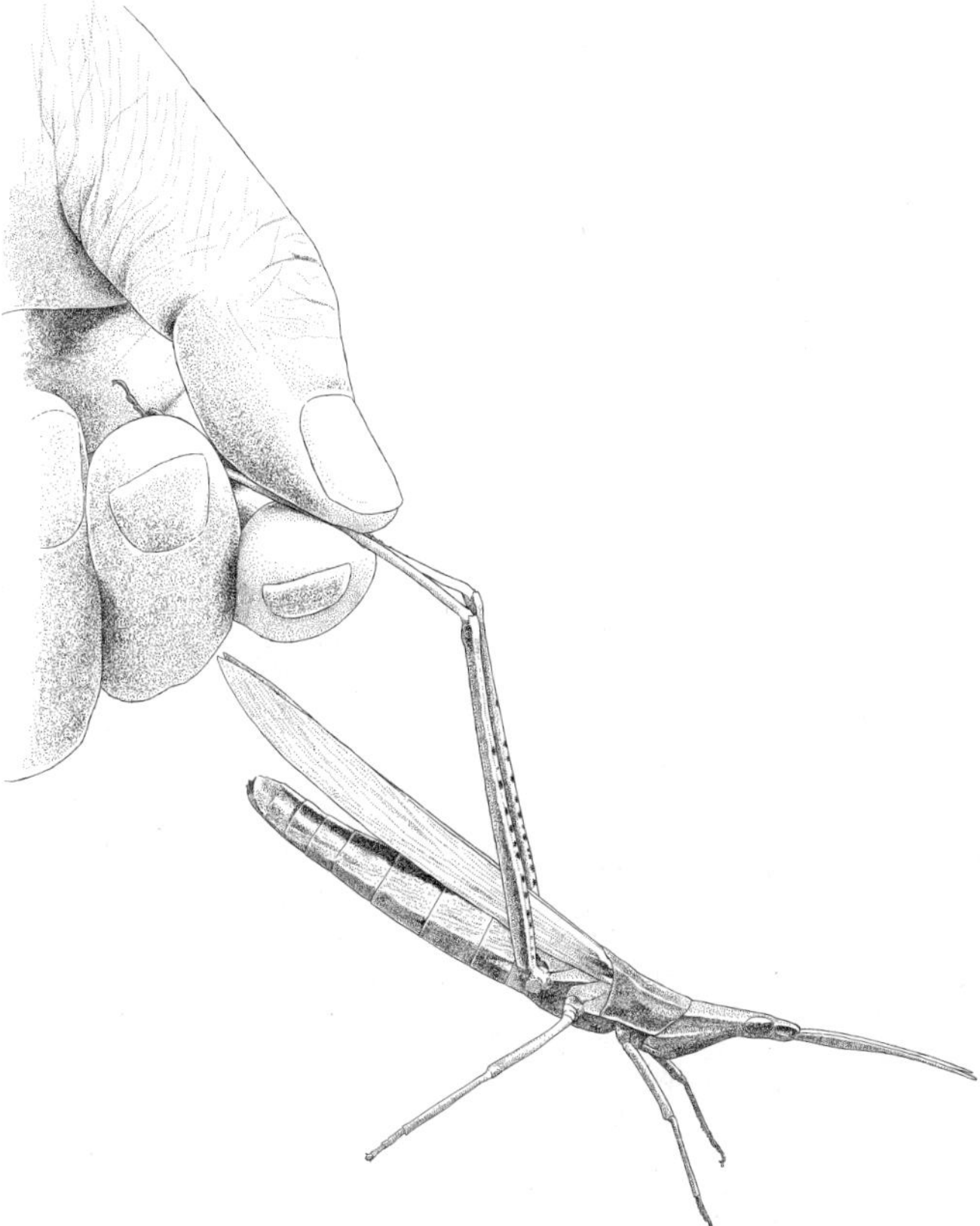

うすが自分を訪ねてきた祖先の霊を思わせたのかもしれない。

祖先の霊が姿を変えたショウリョウバッタは、大事にしなければならないと言われていたが、動きが鈍く、小さな子どもでも簡単につかまえることができるショウリョウバッタは、子どもたちの格好の遊び道具でもあった。

後脚をつかまれると、逃げようとして脚を動かすが、脚が固定されているので、体の方がギッコンバッコンとバネ仕掛けのおもちゃのように上下に動く。この動きが機織り機にたとえられて「機織りバッタ」とも言われる。また、この動きは水車小屋などで杵で臼で米をつくようにも見えるので「米つきバッタ」の別名もある。

ペコペコとやたらに頭を下げている人を「米つきバッタ」と揶揄するが、それもこのショウリョウバッタの動きに由来しているのだ。

もっとも、動きが鈍いのは体の大きなメスのバッタだけである。オスのバッタは小さくてメスの半分くらいの大きさしかないが、メスを見つけなければならないオスのバッタは体も小さくて軽いので動きが俊敏なのである。そっと、虫とり網を構えると「キチキチ」と羽音を立てながら遠くへ逃げてしまう。そのため、オスのショウリョウバッタは俗に「キチキチバッタ」と呼ばれている。

ところで、ショウリョウバッタなどのバッタには、同じ種類でも緑色のタイプと褐色のタイプとがある。これは、どうしてだろうか。

ショウリョウバッタの体色は、幼虫時代の湿度によって決まる。湿度が高いと緑色の成虫になり、湿度が低いと褐色の成虫になるのである。

湿度が高いということは、まわりに植物がたくさんあるということである。そのため、体の色が緑色になると、植物の中に紛れる保護色となるのである。

一方、湿度が低く乾燥しているということは、植物の少ない場所である。そのため、褐色の体色になることで、枯れ葉や砂地の多い場所で保護色となるのである。

緑の葉っぱが枯れるように、緑のバッタが褐色になってしまうような気もするが、バッタの色が変わってしまうことはない。しっかりと環境に合わせた保護色で身を守っているのである。

カマキリ

かまきり夫人の正体

かつて男を食い物にする女は「かまきり夫人」と揶揄された。

カマキリはメスがオスを食べると言われている。カマキリは動いているものは何でも獲物にしてしまう。そのためカマキリのオスは、メスに見つからないように背後からそっと近づき、メスの背中に飛び乗って交尾をしなければならない。まさに、命がけである。

オスに比べるとメスは交尾に対する執着はない。むしろ食欲の方が勝っているようだ。メスは、交尾の間も体をくねらせてオスを捕らえようとするので、オスは食べられないように避けながら交尾をしなければならない。もし、交尾の途中につかまってしまうと、オスは食べられてしまうのである。もっとも、メスに頭をかじられながらも、オスの下半身は交尾をし続けるから、オスの交尾にかける執念は相当なものである。

そして、首尾よく交尾が終わった後は、急いで逃げなければメスのカマキリの餌食になってしまう。カマキリのオスは、まったくもって大変である。

カマキリは逆三角形の顔の正面に大きな目がついている。二つの目で見ることによって、獲物までの距離をとらえることができるのである。そしてカマキリは、体を動かさなくても獲物を正面視できるように、首の向きが自在に動くようになっている。

動物でも、草食のシマウマは目が細長い顔の横についていて、視野が広く敵を見つけやすいようになっているのに対して、肉食のライオンは獲物までの距離を正確に測るために顔の正面に目がついている。

昆虫の世界も肉食のカマキリは正面に目がついているのに対して、草食のバッタは長い顔の横に目がついていて、肉食のライオンや草食のシマウマとまったく同じである。神様が造り賜ったわけでもなかろうに、ライオンもカマキリも同じデザインの顔になっているのだから、自然の摂理というのは本当によくできたものである。

愛すべきオスまで食べてしまうくらいだから、カマキリは目の前の獲物は何でも食べる。針を持ったハチでさえもカマキリの前では餌の虫に過ぎないし、ときにはカエルやトカゲを捕らえて食べてしまうこともある。まさに昆虫界のギャングと呼ぶにふさわしい。

獲物を見つけたカマキリは、まるで風に揺れる草木のように、体を左右に揺らしながら近づいていく。そして射程距離に入ると、すばやく鎌を伸ばして獲物を捕らえるのである。この間、わずか〇・〇三秒。人間のまばたきが〇・一秒だから、まさにまばたきする間のスピードである。そして、この素早い攻撃が、中国拳法の「蟷螂拳」のモデルとなったのである。

カマキリに怖いものはない。敵に襲われても、カマキリは前脚の鎌を構えてボクサーのようにファイティングポーズをとる。そして、羽をいっぱいに広げて敵を威嚇するのである。

しかし悲しいかな、相手構わず闘いに挑むので、ネコにさんざんなぶられてしまったり、自動車に立ち向かってあっけなく轢かれてしまったりもする。弱いものが強敵に立ち向かって無駄な抵抗をすることをカマキリにたとえて「蟷螂の斧」というのは、そのようすをたとえたのである。

物語などでは、凶暴な悪役にされることの多いカマキリであるが、その顔をよくよく見ると、つぶらな瞳がなかなか愛らしい。

しかも、こちらをじっと見つめているように見える。もっとも、これは目の錯覚である。

カマキリの大きな目の中には、瞳のように見える黒い点があるが、人間が見る角度を変えても、まるでこっちを見ているかのように黒い点が動く。昆虫の目は小さな目が集

カマキリ

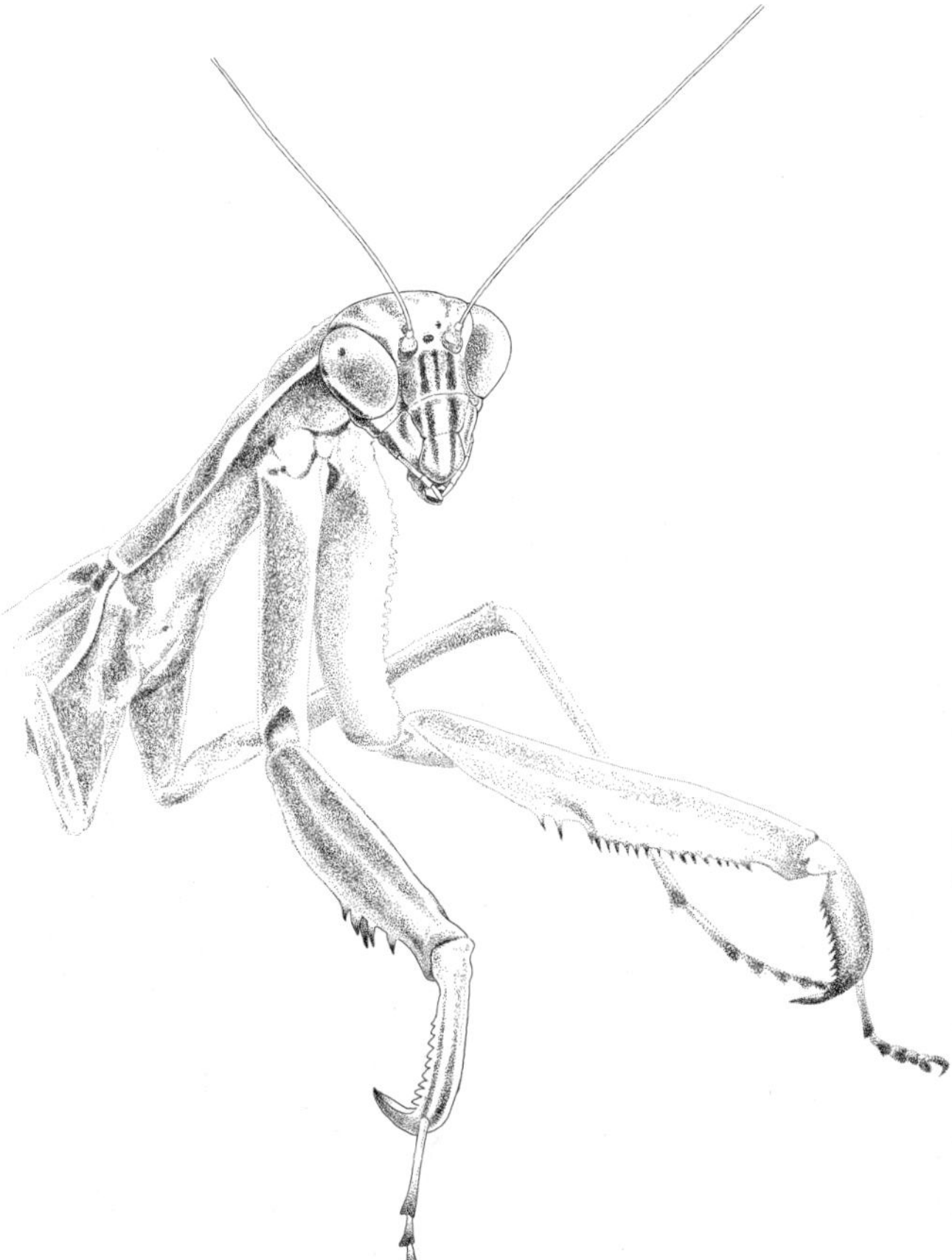

まった複眼だが、人間の視線と平行な小眼に眼の奥の色素が映るため、人間の見た正面だけが黒い点のように見えるのである。カマキリは人間のように瞳が動くわけではないのだ。

何ともミステリアスなカマキリは、別名を拝み虫とも言う。両前脚の鎌をそろえて体を振るようすが、手を合わせて祈りを捧げている姿に見えることから、そう呼ばれているのである。

ちなみにカマキリの学名マンティスも、予言者に由来している。また、カマキリは英語では「祈る予言者」という意味で呼ばれるし、ドイツ語では、「神に祈る人」という意味で呼ばれている。洋の東西を問わず、カマキリの印象はよく似ているのである。

トノサマバッタ

――哀しきライダージャンプ

仮面ライダー一号、本郷猛は改造人間である。

ショッカーの科学者たちが、仮面ライダーとなる改造人間に加えたのがトノサマバッタの能力である。

仮面ライダーは崖の上から「トォーッ」という掛け声とともに敵の真っ只中へ着地するライダージャンプや、空高くジャンプし、敵めがけて降下するライダーキックなど、ジャンプ技を得意としている。これはトノサマバッタの持つ強靭な脚力を活かした武器なのである。

ちなみに仮面ライダーのジャンプ力は幅跳びで四八メートルとされている。これは身長の約二十七倍である。これに対してトノサマバッタのジャンプの距離は一メートル。これは体長の約二十倍である。無敵のヒーローである仮面ライダーのジャンプ力はトノサマバッタを大きく上回るものではないのだ。しかもトノサマバッタは羽を広げてはるか遠くまで飛翔することができる。

ただし、トノサマバッタは、ジャンプ力は驚異的だが、着地はけっして上手とはいえない。自分でジャンプしたくせに、まるで敵に投げ飛ばされて叩きつけられたかのように、地面にぶつかる。トノサマバッタにとって敵から逃れる大ジャンプは、痛さの伴う必殺技なのかもしれない。

それにしても世界征服を狙う悪の軍団ショッカーは、どうしてトノサマバッタなどをモデルにして最強の改造人間を作りあげたのだろうか。

じつは古来、トノサマバッタは人々を恐怖に陥れる恐ろしい存在だったのである。

「ある日、南の空に小さな雲が現れた。初めは地平線上に浮かぶ霞のようだったが、やがてそれが空に扇形に広がる。雲か霞かと見えたのは、実はバッタの大群だった。そのうち空は暗くなり、無数のバッタの羽音で大気が震える。これに襲われると、あたり一帯の農作物などすべて食い尽くされてしまう。」

これは、中国を舞台にした、パール・バックの小説『大地』で描かれているトノサマバッタの襲来を記した一節である。トノサマバッタは、大群となって村に押し寄せ、農作物はおろか草一本残さず食い荒らしてしまうのである。害虫と呼ばれる虫はたくさんいるが、これだけの被害をもたらす虫は他に類を見ない。

ふだんはおとなしいトノサマバッタであるが、干ばつなどで餌がなくなると、少ない

189　トノサマバッタ

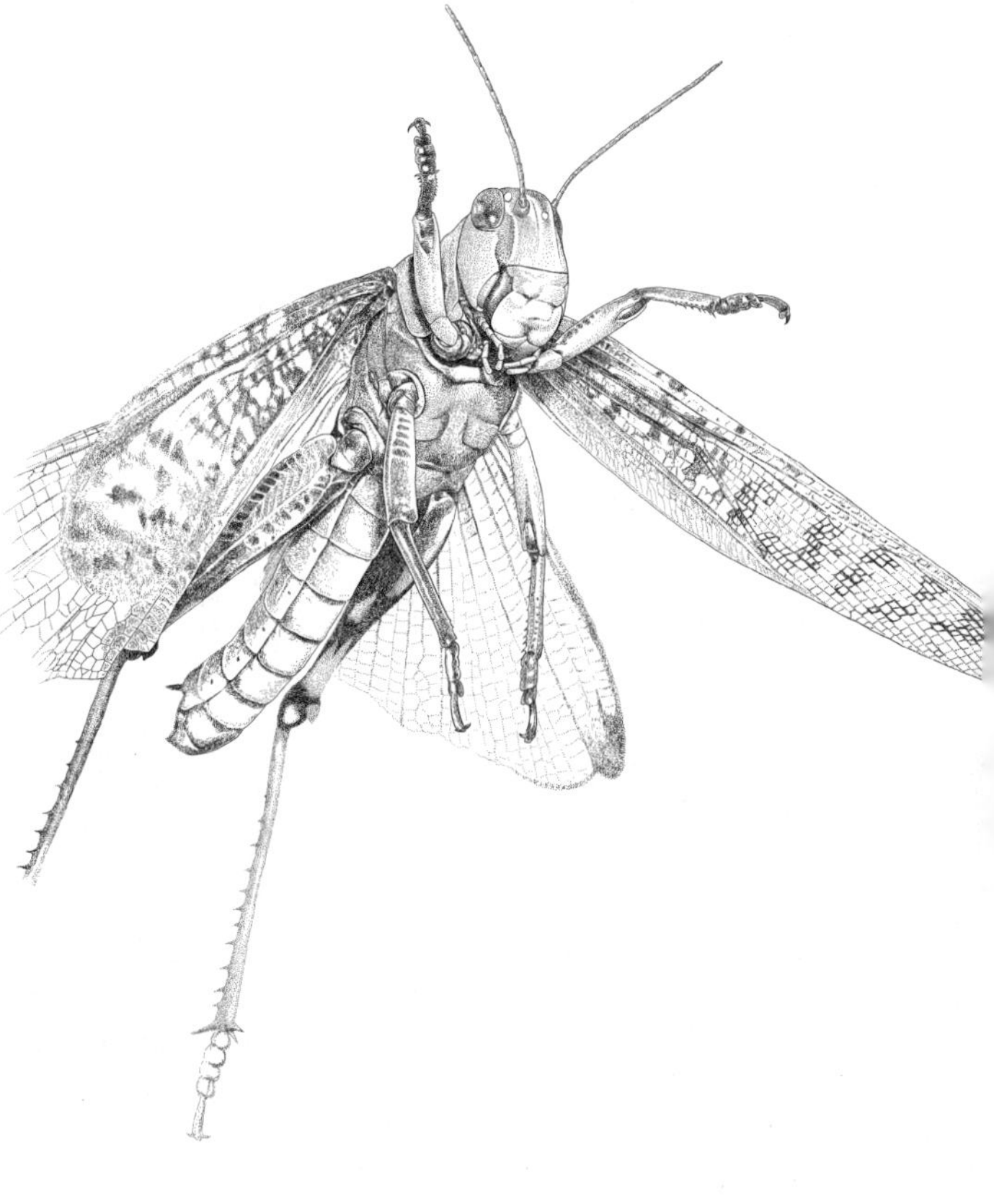

餌を求めて限られた場所に密集する。そして、密度が高くなると、トノサマバッタは群生相と呼ばれる飛行能力が高く凶暴なタイプに成長するのだ。やがて、餌を求めるトノサマバッタの群れが、暴徒と化して村々を襲うのである。

日本でも農作物を壊滅させたという記録はあるにはあるが、餌が豊富な日本では、トノサマバッタが大害虫となることは滅多になく、子どもに追いかけられているばかりで、まるで面目がない。

もっとも、最近ではトノサマバッタを見かけることが少なくなった。

トノサマバッタは敏捷で高い飛翔能力を持っているので、行動範囲が広い。そのため広大な草むらがないと、生きていくことができないのである。

昔は、草っぱらがたくさんあった。「ドラえもん」や「サザエさん」など、昔から続くなつかしいアニメを見ると、土管の置かれた広場が子どもたちの遊び場所になっている。しかし、工事の資材の土管が置かれているということは、そこが建設用地であるということである。やがて、広場には建物が建ち、草っぱらはなくなってしまう。

こうして、草っぱらはなくなり、子どもたちの遊び場もトノサマバッタの棲みかも失われてきているのだ。今や虫とり網を持ってトノサマバッタを追いかける子どもの姿も見ることはできない。

とかくこの世は住みにくい。減りつつある草地で、トノサマバッタは哀しきライダージャンプを繰り返していることだろう。

ウスバキトンボ

片道切符の死出の旅

公園の中やビルの窓の外に飛ぶ赤とんぼを見掛けて、都会の中にふっと秋を感じたとしたら、それはウスバキトンボである。

正確には、赤とんぼはアキアカネやナツアカネなどアカネ属のトンボを指すが、ウスバキトンボはアカネ属ではないので、実際には赤とんぼではない。代表的な赤とんぼであるアキアカネやナツアカネは夏の間はオレンジ色をしていても、秋になると真っ赤になる。ところが、ウスバキトンボは秋になってもオレンジ色のままである。

しかしウスバキトンボは、アカネ属のトンボと姿や形がよく似ているので、一般には赤とんぼと呼ばれているのだ。

代表的な赤とんぼであるアキアカネやナツアカネは、ヤゴの時代を田んぼで過ごして、羽化するとアキアカネは涼しい山の上に、ナツアカネは近くの雑木林の木陰に移動する。そして秋になって涼しくなってくると、田んぼに戻ってきて卵を産むのである。

田んぼと山や林を行き来するアキアカネやナツアカネは日本のふるさとの風景を棲み

193　ウスバキトンボ

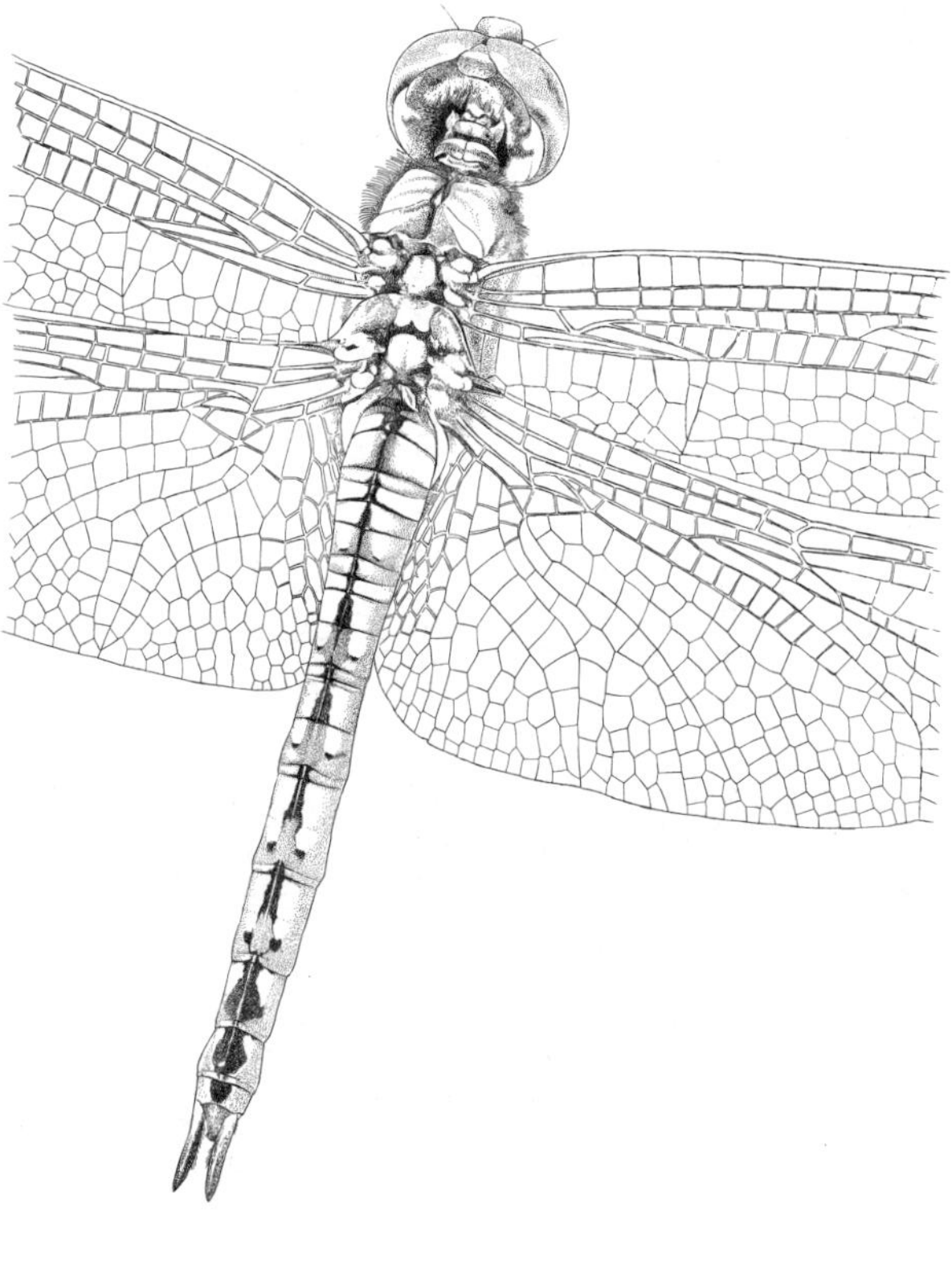

かとしているため、田園地帯の周辺でしか見られない。

これに対してウスバキトンボは、都会でも見ることができる。

ウスバキトンボは、もともと熱帯原産のトンボだが、その一部は、南の国から海を越えて日本に飛んでくる。そして、日本列島を北へ北へと移動していくのである。その間に日本の田んぼで卵を産みながら、仲間の数を増やしていく。このように、ウスバキトンボは移動距離が長いので、田んぼから遠く離れた都会でも見ることができるのである。ウスバキトンボは群れになって飛び、ほとんど止まることなく飛び回っている。ウスバキトンボは体を軽量化し、羽をほとんど動かさずに風に乗ることによって、長時間、長距離の飛翔を可能にしているのだ。

夏になると、九州から北海道まで全国でウスバキトンボの姿が目立つようになる。

こんな小さなトンボが海の向こうからやってくるとは思いも寄らないから、昔の人は忽然と姿を現し、空いっぱいに群生するウスバキトンボを不思議がった。そして、夏のお盆の頃に姿を現すことから、祖先の霊が赤とんぼになって黄泉の国からやってきているると考えたのである。

そのため、ウスバキトンボには「精霊トンボ」や「盆トンボ」という別名もある。

現在でもウスバキトンボがどの地域からどのルートを通ってやってくるのかは、明らかにされていない。昔の人がウスバキトンボのルーツがわからなかったとしても、無理のない話である。

群れをなして秋の空を飛ぶウスバキトンボ。ところが秋が終わると冬がやってくる。熱帯原産のウスバキトンボは悲しいことに、日本では冬を越すことができない。日本の空を自在に飛びまわっていた無数のウスバキトンボは、すべて死んでしまうのである。もちろん、せっかく産んだ卵もすべて死んでしまうから、次の世代を残すこともできない。まさに死の行軍なのだ。

しかし、翌年になれば新たなウスバキトンボの大群が海を越えて日本にやってくる。ウスバキトンボは世界中に広く分布するトンボである。自慢の飛翔能力で新たな土地へ分布を広げようとしてか、毎年、毎年、決死の覚悟で日本への侵攻を繰り返しているのである。

いったい、どんな思いがウスバキトンボにこんな行動に掻き立てるのか。ウスバキトンボは、もう何千年もの長きにわたって、こうした片道切符の長旅を繰り返してきているのである。

アキアカネ

夕焼け小焼けがよく似合う

「夕焼け小焼けの赤とんぼ　負われて見たのはいつの日か」

唱歌「赤とんぼ」は、「好きな日本の歌」というアンケートでは、必ず上位に入る人気の高い曲である。

俗に赤とんぼと言われるが、実際には赤とんぼという特定のトンボがいるわけではない。赤とんぼというのは、小型の赤いトンボを指す俗称で、学術的にもアカネ属というグループに属するトンボを指す総称である。

それでは、童謡「赤とんぼ」に歌われたのは、数ある赤とんぼの種類の中でも、どの赤とんぼなのだろうか。昆虫学者たちは、赤とんぼのモデルについてさまざまな推論をしているが、「赤とんぼ」のモデルになったのは、アキアカネであるという考え方が一般的である。その決め手は五番の歌詞にある「止まっているよ　竿の先」という表現にある。

赤とんぼの中には、竿の先のようなところに止まるものと、ぶらさがって止まるもの

とがある。そして、竿の先によく止まる赤とんぼがアキアカネなのである。また、アキアカネは赤く鮮やかな色が特徴的で、秋になると夕焼け空を飛び交うことから、「赤とんぼ」の情景にふさわしい。

ただし、目の前の竿の先に止まっているトンボはアキアカネとしても、大群をなして子どもの目線を群れ飛ぶトンボに、ウスバキトンボ（一九四ページ）があるため、一番の歌詞で回想される、「子どものときに負われて見た赤とんぼ」は、ウスバキトンボだったのではないかとする説もある。

確かに、赤とんぼが竿の先に止まっている光景はよく見かける。もっとも、アキアカネが竿の先に止まるのには理由がある。

昆虫は、変温動物なので、赤とんぼは気温が低いと飛ぶことができなくなってしまう。そのため、秋になって気温が低くなると、ときどき竿の先に止まり、太陽の光を浴びて体温を上げる必要があるのである。

しかも不思議なことに、赤とんぼは、止まる向きが決まっている。

効率よく体温を上げるためには、できるだけ広い面積に日光を当てる方が良い。そのため竿の先に止まる赤とんぼは、必ず長くて面積の大きい横腹が日光を浴びるように、夕日に対して横向きに止まるのである。並んで止まる赤とんぼが、よく同じ方向を向い

199　アキアカネ

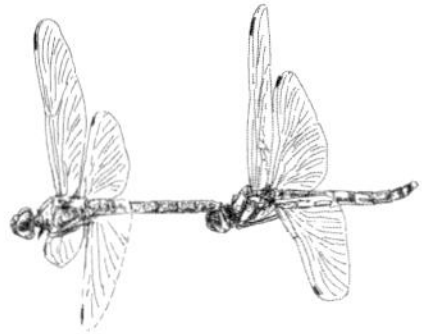

ているのを目にするが、それには、理由があったのである。

逆に夏の間は、太陽の光が強すぎて体温が上がりすぎてしまう。そのため赤とんぼは、上から照りつける太陽に対して、赤とんぼが尻尾の先をまっすぐに立てて、まるで逆立ちしているように止まる。こうして日光を受ける面積を最小限にして、体温が上がりすぎるのを防いでいるのである。

赤とんぼが一面に飛ぶ風景は、古くから日本人に愛されてきた。

アキアカネは田んぼで生まれるトンボである。栄養豊富で餌となる生きものが多い田んぼはアキアカネの幼虫であるヤゴが生育するのに適した水辺なのである。その後、田んぼで羽化したアキアカネは、夏になると水辺を離れて標高が一〇〇〇メートルを超えるような高地へ移動する。アキアカネの祖先は氷河時代に北方から日本にやってきたと考えられている。北方生まれで、暑さが苦手なアキアカネは、高山で避暑をするのである。そして、秋になって涼しくなると山の上から田んぼに下りてくるのだ。

おそらく氷河期の頃には、湿地で細々と暮らしていたアキアカネであったが、日本に稲作が伝わり、田んぼが拓かれるようになると、アキアカネの生息地は急激に拡大した。そして赤とんぼの飛ぶ田んぼの風景が全国へ広がっていったのである。

古くは、日本のことを「秋津島」と言った。秋津とは赤とんぼの古名である。

『日本書紀』によると、秋津島の呼び名は、神武天皇が大和の国を一望して、「秋津がつながっている姿のようだ」と口にされたことに由来していると言われている。

トンボのオスは腹部の先端の突起で、メスの首をつかんで連結する。そして、メスは腹部の先端をオスの腹部の付け根と接して、輪のようにつながって交尾する。大和の国はこの形に似ているとされたのである。

田んぼのまわりを飛び交う赤とんぼは、害虫を食べるという大切な役割も担っていた。そのため赤とんぼは、人々から親しまれ、大切にされてきたのである。地域によっては、赤とんぼのことを方言で「たのかみ（田の神）」と呼ぶ地域もある。田んぼを飛ぶ赤とんぼの姿は豊穣のシンボルでもあったのである。

一方、欧米では、トンボはドラゴンフライと呼ばれ、不吉な虫とされてきた。

西洋のおとぎ話では、沼や湿地は不気味で恐ろしい場所として描かれる。底なし沼にはまって命を落としたり、病原菌や病気を媒介する蚊が多い湿地は、ヨーロッパの人にとっては近づいてはいけない場所であった。そのため、湿地の近くを飛ぶトンボもまた、気味の悪い存在だったのである。

日本と西洋では、トンボに対するイメージは、これほどまでに異なっていたのである。

スズメバチ

武装集団に気をつけろ

踏切の遮断機は、黄色と黒色の縞模様をしている。

黄色は進出色なので、飛び出したように目立って見える。これに対して、黒色は後退色なので、奥まって見える。この進出色と後退色のコントラストによって、黄色がより強調されて見えるのである。そのため、注意を喚起するために、踏切の遮断機は、黄色と黒色の警告色が用いられる。また、工事現場や工場などで、黄色と黒色のツートンカラーがよく用いられるのも、同じ理由である。

ハチも、黄色と黒色の縞模様をしていて、いかにも危険な感じがする。じつは、ハチも、黄色と黒色の配色で自分の体を目立たせているのである。

多くの昆虫は、天敵の鳥から身を守るために、葉っぱや土などまわりの景色に似せた保護色で身を守っている。しかし、ハチは針を持つ危険な昆虫である。誤って鳥に食べられて無用な戦いをするよりも、「自分は危険な虫だから食べないように」と鳥に警告した方が、鳥にとってもハチにとっても良いのである。

巣立って間もない鳥は、誤ってハチを食べてしまうこともあるが、一度、痛い目を見た鳥は、黄色と黒色の虫を警戒するようになる。

スズメバチやアシナガバチなど、ハチの種類が違っても、警告色を同じにしているのは、危険なサインを鳥に覚えやすくするためである。

ハチの中でももっとも危険なのは、スズメバチの仲間だろう。なかでもオオスズメバチは世界最大級の大きさを誇っている。また、山野ばかりではなく、都会では生ごみの肉や魚を餌にすることのできるキイロスズメバチが急増している。野生動物による被害死亡者はクマやマムシよりもスズメバチによるものがずっと多い。スズメバチは身近に潜む恐ろしい生物なのである。

特に八月から十月になるとスズメバチの被害は多くなる。

冬を越した女王蜂は、たった一匹で巣を作り始める。そして餌を集めて幼虫を育てるのである。やがて、初夏になると最初の働き蜂が誕生するが、最初のうちは女王蜂も働き蜂といっしょに働いている。そのうち、働き蜂の数が増えてくると、巣作りや幼虫の世話は働き蜂が担当するようになり、女王蜂は卵を産むことに専念するようになる。すると、働き蜂が次々に育って巣は大きくなり、家族も数百匹にまで増えて、活動が活発になってくるのである。このスズメバチの活動が活発になるこの時期は、秋の行楽シーズンでハイキングやきのこ狩りなどの季節と重なる。そのため、スズメバチの被害が多くなってしまうのである。

もっとも、スズメバチにも言い分はある。スズメバチは専守防衛がモットーで、無用な攻撃を仕掛けることはない。

ただ、夏から秋になるとハチの数も多くなり、テリトリーも広くなってしまう。とはいえ、テリトリーを守るためと言っても、すぐに攻撃を仕掛けることはない。テリトリーに人間が侵入すると、偵察部隊のハチがスクランブル発進して警戒態勢に入る。そして、人間のまわりを盛んに飛び回り、羽音を立て、牙をかみ合わせてカチカチと音を立てて威嚇をするのである。ところが、人間が気づかずに、この警告を無視して巣に近づくと、スズメバチは大切な巣を守るために一斉に攻撃を仕掛けるのである。スズメバチにとっては十分に警告した上での止むにやまれぬ防衛戦なのだ。

ハチにとって強力な武器は針だが、この針は産卵するための管が変化したものである。そのため、針を持っているのはメスである。ハチは集団で暮らすようになると、女王以外は卵を産まなくてもいいが、さまざまな敵から巣を守らなければならなくなった。守るべき家族がいるからこそ、スズメバチなどの社会性のハチは、強力な攻撃力を身につけたのである。

夏が過ぎる頃になると女王蜂は衰え始める。死期を悟った女王は、オスのハチを産み始める。オスのハチは針を持たず、何の役にも立たない。ただ働き蜂に養ってもらうだけである。その後、選ばれた幼虫の中から、次の世代の女王候補が育成される。いよいよ世代交代のときが迫っているのだ。女王蜂が死んでも、残された働き蜂たちの結束は変わらない。女王がいなくなると働き蜂が代わりに産卵を行うが、交尾をしていない働き蜂が産んだ未授精卵は、すべてオスとなる。

そして、秋になると新しい女王蜂とオスのハチは巣から飛び立ち、他の巣から飛び立ったハチたちと交尾を行うのである。交尾に飛び立ったオスのハチは役目を終えると死んでしまうし、巣に残された働き蜂もやがて死んでしまう。そして、交尾を終えた新しい女王だけが冬を越し、新しい家族を作るのである。

スズメバチは大きなものでは一抱えもあるような球状の巨大な巣を作りあげるが、あれだけにぎやかだった巣も秋には、もぬけの殻になってしまう。スズメバチの巣は使い捨てなので、二度と使われることはない。

空になったスズメバチの巣は、人間が持ち帰って、魔除けとして玄関などに飾られる。最近では巣を見つけるとすぐに駆除業者がやってきて、すっかり嫌われ者のスズメバチだが、夏の間は、幼虫の餌にするために、田んぼや畑でせっせと害虫を捕らえている。

昔の人はスズメバチを恐れながらも、スズメバチが田畑を守ってくれていることを知っていたのである。

トラカミキリ

ものまねする虫　される虫

人間は見た目が大事であると言われる。いかに中身が大事と言っても、短い時間ではどうしても見た目で判断せざるを得ないのだ。

詐欺師と呼ばれる人たちは、しっかりとしたスーツ姿をしている。また、有名な「三億円事件」の犯人は、警官の恰好をしていたので、居合わせた人はすっかり騙されてしまった。正体を隠そうとすれば、人並み以上に見た目に気を遣うことが大切なのである。

昆虫界の中でも、見た目でごまかそうという輩がたくさんいる。

針を持つハチは、鳥に襲われないように黄色と黒色の配色で体を目立たせている。そして、鳥は黄色と黒色の昆虫は危険な存在と認識している。

ということは、黄色と黒色さえしていれば、鳥に襲われにくいということにもなる。

トラカミキリはその名のとおり、トラのように黄色と黒色の体をしている。こうして、スズメバチに姿を似せて鳥に襲われないようにしているのである。もちろん、トラカミキリにはハチのような針はない。まさに詐欺師のごとく、見た目でスズメバチに化けて

209　トラカミキリ

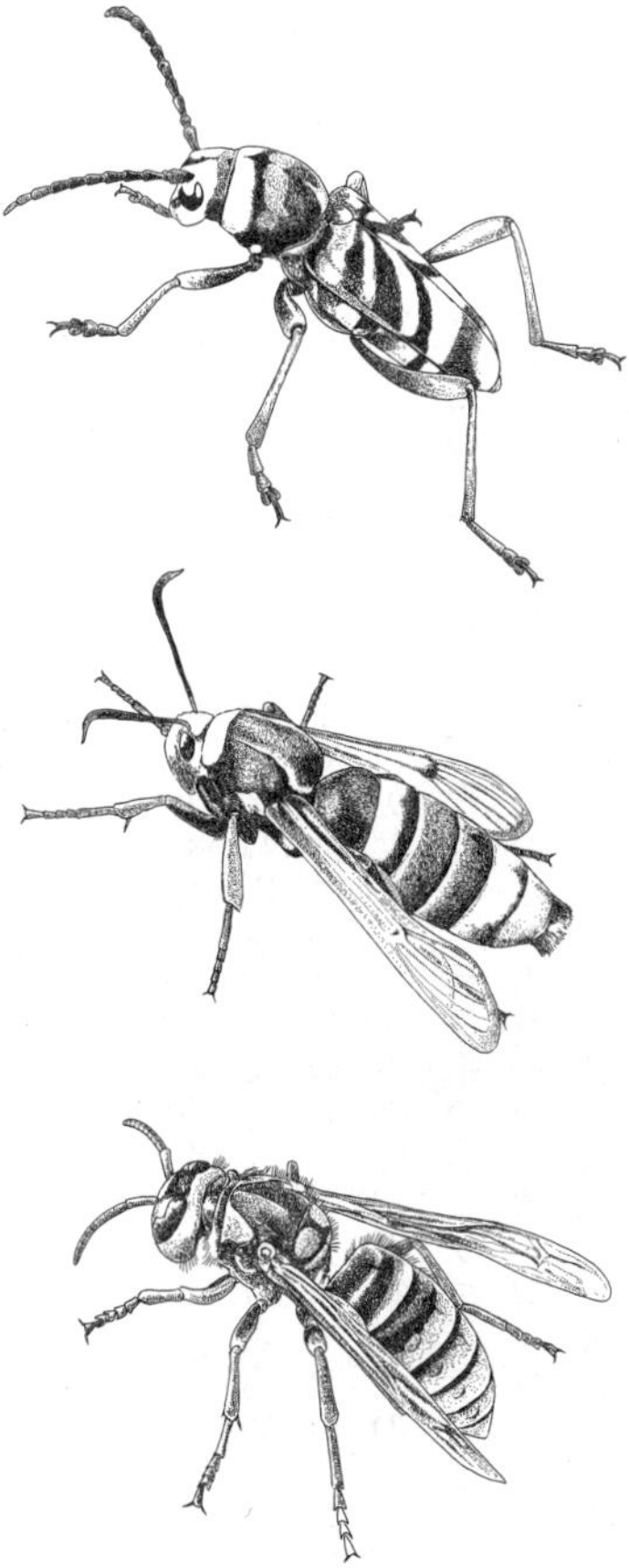

鳥を欺いているのである。体の色だけでなく、飛び方もよく似ている。姿かたちだけでなくしぐさまで似せているというから心憎い。

「虎の威を借る狐」という言葉があるが、トラカミキリの場合は、トラの方が威を借りている。トラカミキリの他にも、針のないアブや、ガの仲間などが、ハチに色や姿を似せて、身を守っている。シャクトリムシやナナフシが枝に擬態するように、これらの昆虫はハチに擬態しているのである。

三五ページで紹介したように、臭い汁を出すテントウムシも赤色と黒色の配色で目立たせている。そこで、テントウムシの姿をまねて身を守るちゃっかり者もいる。テントウムシダマシは、テントウムシのような臭い汁は出せないのに、テントウムシの模様をまねているのである。テントウムシダマシがだましているのは、天敵の鳥の方で、テントウムシをだましているわけではないが、なぜか「テントウムシダマシ」と名付けられてしまった。他にもテントウムシを模倣しているハムシやウンカ、ゴキブリなどもいる。

こうして虫たちは鳥をだまそうとしているが、皮肉なことに鳥がだまされるのは頭が悪いからではない。むしろ鳥は頭が良いからだまされているのである。

鳥は記憶力が良く、学習能力がある。そのため、針のあるハチや、毒のある苦い虫を食べて、ひどい目に合うと、その経験を忘れずに二度と同じ目に合わないように気をつける。もし、鳥が頭が悪く、やたらに餌を取っていたら、こんな頭脳戦の駆け引きは成立しないだろう。虫たちは、鳥の頭の良さにつけこんでいるのである。

実際に、そのそっくりさといったら、人間でも簡単にだまされてしまうくらいである。ものまねタレントもそうだが、誰も知らない無名の人にどんなに似ていても意味がない。ハチやテントウムシがよくものまねをされるということは、それだけ鳥に知られた有名な存在ということである。個性豊かな大物タレントが、よくものまねされるのは、昆虫界でも、同じなのである。

昆虫界でよくものまねされる昆虫の一つにアリがある。

悪ガキに虫めがねで焼かれたり、巣にホースで水を入れられたり、さんざんな目に合っている蟻んこだが、じつはアリは、地上最強の昆虫とされている。

アリは攻撃力がある上に、集団で襲いかかる。他の虫たちにとっては恐怖の存在なのである。毒針のあるアシナガバチが中空にぶら下がった巣を作るのは、アリに襲われるのを恐れてのことだという。

また、アブラムシはお尻から甘い汁を出してアリを懐柔し、アリにテントウムシを追っ払ってもらう。他の昆虫に真似されるハチやテントウムシでさえも、アリにはかなわないのである。そのため、他の昆虫から身を守るには、アリに似せるというのも有効な手段だ。

クモの中にはアリに似たものがいるし、あろうことかハチの中にも羽をなくしてアリに姿を似せたものがある。また、コカマキリの卵から孵ったばかりの幼虫は、黒い色をしてアリに姿を似せている。クモやハチ、カマキリなど他の虫が恐れている昆虫たちが、こぞってアリの姿をまねているのは、何とも興味深い。アリもまた、ものまねされるだけの実力を兼ね備えていることの証しと言えるだろう。

ジョロウグモ

雲の上のクモ

巣を張り巡らせ、獲物を獲るクモはいつも悪者扱いされる。

昆虫を擬人化したり、人間が小さくなったりした物語では、クモの巣に引っ掛かったチョウやトンボなどの昆虫を助けようと、みんなが力を合わせる。そして、危機一髪のところをクモの巣を引きちぎって、脱出し、主人公たちは「よかったね」と安堵する。

しかし、考えてみれば、後に残されたクモは哀しい。せっかくの獲物に逃げられた上に、大切な巣まで破壊されてしまうのだ。

クモはじっと獲物が巣に掛かるのを待ち続ける。

人に待たされた経験のある方であれば、待つことがどんなに忍耐力がいるか、想像がつくことだろう。待つというのは受け身の行動である。自分では何もすることはできない。ただただ、相手が来るのを待ち続けるしかないのである。

クモにとって、何日に一度しか食事にありつけないのは、当たり前である。そのため、クモは絶食に耐えられるようになっている。そして、エネルギーを節約するために動くことなくじっと待ち続けるのである。

もちろん、クモは待ちくたびれて、うとうとしてしまうようなことはない。巣に餌が掛かったことを糸の振動で知ると、目にもとまらぬ早業で獲物を捕らえ、糸でぐるぐる巻きにしてしまう。何という瞬発力、そして、何という集中力だろう。来るともわからない獲物を、これだけの集中力を保ちながら待ち続けるというのは並大抵ではない。

秋になるとよく目立つクモに、体の大きなジョロウグモがある。

ジョロウグモは黄色と黒色のストライプがよく目立つが、これはハチの模様を擬態していると考えられている。二〇二ページで紹介したように、針を持つハチはよく目立つ黄色と黒色の模様で、天敵である鳥に食べてはいけないという注意を促す。このルールを逆用して、針もないのにハチのような黄色と黒色の模様を擬態して、鳥から身を守ろうとする昆虫は多いが、ジョロウグモもちゃっかりとハチの強さを利用しているのだ。

ジョロウグモが巣に掛かったスズメバチを餌にして食べてしまうこともあるし、逆にスズメバチが反撃して、ジョロウグモを捕らえて餌にしてしまうこともある。スズメバチもジョロウグモも、虫の世界では猛者どうしだが、両者ともに黄色と黒色のストライプで鳥の襲撃を防いでいる。やっぱり虫たちにとって、鳥は別格で怖いのである。

ジョロウグモの巣を見ると、数匹の小さなクモが居候をしている。じつはこのクモた

215　ジョロウグモ

ちはジョロウグモのオスである。巣の真ん中にいる大きなクモはジョロウグモのメスである。

ジョロウグモのオスは、メスの巣にやってきて、メスのクモが成体になるのを待つ。そして、メスが成体になるとすぐに交尾をするのである。

交尾をすませたジョロウグモのメスは卵を産んで死んでしまうが、春になると卵から子グモたちが生まれてくる。そして、小さな子グモたちには大冒険が待っている。

子グモたちは、枝の先などに上っておしりから糸を長く出す。そして、その糸で風に乗り、大空を目指して飛び立っていくのである。この行動はバルーニングと呼ばれている。まさにバルーンのように空を飛ぶのだ。羽もないクモが空を飛ぶというのは、驚きである。

いったいどれほどの距離を移動するのだろう。その冒険の詳細は定かではないが、数千メートルもの上空で、飛んでいるクモが観察されるというから、その飛行能力は相当のものである。まさに雲より高くクモが飛んでいるのである。

ナナフシ

森の忍者の真髄

七という数字は不思議と好まれる。

英語ではラッキーセブンだし、日本でも奇数である七は吉数なので、七福神や七五三、七草などに七が用いられる。また、「七不思議」や、「七つの大罪」もあるし、七つくらいまでだと人間は何とか記憶できるので、最近でも本のタイトルなどを見ると、「七つの理由」、「七つの習慣」など、物事は七つくらいにまとめられることも多い。そういえば、語呂がいいので、七並べや、七つの子、七人の小人、七匹の子ヤギ、七人の侍なんてのもあるし、ことわざにも、「なくて七癖」や「親の七光」などがある。

ナナフシは「七節」という意味である。もっとも節の数は七つではない。七転び八起きと同じように、「さまざまな」という意味だと考えられている。体にたくさんの節があるように見えるので、「七節」と名付けられたのである。

「森の忍者」の異名を持つように、ナナフシはたくさんの節のある体を小枝に見立てて身を隠す。こうして鳥などの外敵から身を守るのである。しかもナナフシは夜行性なの

219　ナナフシ

で鳥が活動する昼間はほとんど行動せずに、ひたすら枝に化けて身を隠している。そのためナナフシを見つけることは難しい。

ナナフシは、枝に化ける他にもさまざまな方法で身を守る。「七つ道具」や「七色の変化球」と言われるように「七」は武器の数にも用いられる。それでは、ナナフシの七色の防護術を見てみることにしよう。

隠れるときには、じっと動かないのが基本である。ところが、ナナフシは、ときどき、自分から体を左右に揺らす。そして、まるで枝が風になびいているように見せるのである。枝葉が揺れる中で、自分だけ動かないとかえって目立ってしまう。そのため、ナナフシはあたかも自分が風に揺れる枝に成りきっているかのように、体を揺するのである。

しかし、どんなに身を隠していても見つかってしまうときがある。そのときは、速やかに逃げ出すしかない。どのように逃げれば、鳥から逃れることができるだろうか。

ナナフシは敵に見つかると、枝から脚を放して地面に落ちてしまう。これが鳥から逃れるもっとも素早い手段なのだ。

そして地面に落ちると死んだふりをする。木の枝が重なっていた木の上と違って、地面の下には小枝がたくさん落ちているだけである。そこで二本の前足を前にピンと伸ばして体にぴったりとつけることで、余分な足を隠しながら一本の小枝に化けるのである。

221 ナナフシ

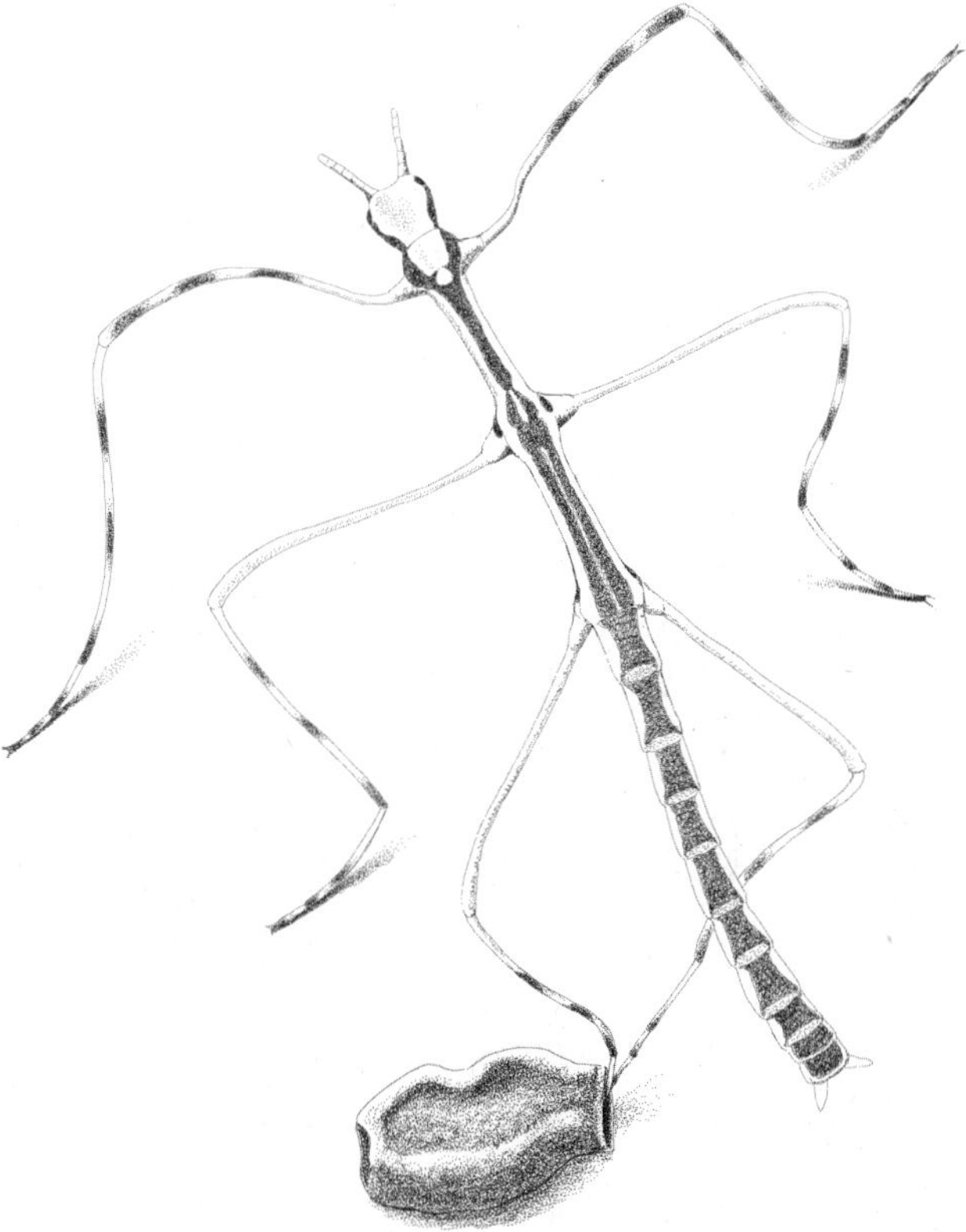

こうなると簡単に見つかることはない。つつかれたり、つかまえられたりしても、動くことはない。完全に小枝を演じきるのである。

逃げたり隠れたりばかりで情けないような気もするが、本来、忍者というのはそういうものである。もともと忍者は武装集団ではない。敵の情報を探る諜報活動を任務としていた忍者は、敵と戦うのではなく、見つからないように隠れたり、つかまらないように逃げ帰るのが仕事だった。無用な戦いをせずに隠れたり逃げたりしてばかりいるナナフシは、その意味でも真の忍者なのだ。

それでもつかまってしまったら、どうするか。ナナフシは、さらに奥の手を用意している。ナナフシは、足や触角をつかまえられると、とかげが自分のしっぽを切るように、つかまられた足や触角を切り離して逃げるのである。そして、敵が足に気を取られているうちに、無事に逃げ隠れるのである。

命を守るためには、足の一本くらい切り捨てるのはしかたがないということなのだ。しかし、幼虫の場合は、足を切り離しても脱皮をするたびに、少しずつ再生していく。ちゃんと再生術まで身につけているのである。

ところが、隠ぺい術を得意とするナナフシも、卵から孵ったばかりの幼虫は不用意に動き回っている。そのため、成虫のナナフシを見つけるのは難しくても、ナナフシの幼虫は森の中で見かけることがある。まだ、幼くて隠ぺい術を身につけていないのかとも思うが、そうではない。じつは小さな幼虫にとってはせわしく動き回ることこそが身を隠す術なのだ。これは、どういうことだろう。

大きくなった幼虫や成虫の敵が鳥であるのに対して、小さな幼虫の敵は他の虫である。姿を隠す手段は鳥などの大きな天敵には有効だが、他の昆虫の目から逃れるように身を隠すことは容易ではない。二一一ページで紹介したように、虫の世界ではアリは強い存在として恐れられている。そのためナナフシの幼虫は、アリに姿を似せて動き回っていると考えられているのである。

子どもといっても侮ることはできない。ナナフシは、まさに生まれながらの忍者なのだ。

カマドコオロギ

昔の台所がなつかしい

『百人一首』には、キリギリスを題材にした歌がある。

「きりぎりす鳴くや霜夜のさむしろに　衣かたしき一人かも寝む（九一番）」

ところが、よく読んでみると、この歌は少しおかしい。

キリギリスが盛んに鳴くのは夏の昼間である。ところが、この歌では、キリギリスが寒い霜夜に鳴いているというのである。どうして、キリギリスが晩秋の夜に鳴いていたのだろうか。

じつは、『百人一首』に歌われているのは、キリギリスではなくコオロギのことである。古語では、キリギリスという名前は、現在のコオロギを指す言葉だったのである。

一方、コオロギという言葉は、万葉の時代には、秋の鳴く虫の総称であったと考えられている。ところが、やがて、コオロギという言葉は現在のキリギリスを指すようになった。つまり、平安時代のコオロギとキリギリスは現在とは完全に逆だったのである。

それでは、どうして現在では古語のキリギリスがコオロギとなり、コオロギがキリギ

リスとなってしまったのだろうか。

理由は定かでないが、和歌を詠んだ貴族階級では「虫の音」の風流を楽しむものの、虫をつかまえて区別するような機会は少なかった。それが、やがて平安の公家文化が衰退し、秋の虫を愛でる文化が、武家階級や町人に普及する過程で混同したのではないかと考えられるのである。

ところで、キリギリスという名前は、鳴き声の「キリキリ」に由来するという。キリギリスがコオロギを意味しているとしても、コオロギがキリキリと鳴くだろうか。コオロギは「コロコロ」と鳴くイメージがあるが、「コロコロ」と鳴くのはエンマコオロギというコオロギである。エンマコオロギは、体が大きく、鳴き声もよく目立つので一般にコオロギというと、エンマコオロギのことを指すことが多い。しかし実際には、コオロギにはさまざまな種類があり、種類によって異なる鳴き方をする。

虫の声で「キリキリ」と鳴いているのは、カマドコオロギであると言われている。カマドコオロギの名前は、土間で煮炊きをする「かまど」に由来している。「かまど」という純和風な名前がつけられているが、じつは、カマドコオロギは熱帯原産のコオロギである。

日本のコオロギは秋になると卵を土の中に産み、卵で冬を越す。ところが、もともと熱帯で暮らしていたカマドコオロギには季節感がないので、冬の間も成虫で過ごすのである。もちろん、熱帯原産のコオロギが寒い冬を野外で過ごすことはできないので、火を使う暖かなかまどの近くで冬を越していた。そのため、昔の人たちにとっては、家屋の中で鳴いているカマドコオロギはもっとも身近なコオロギだったのである。百人一首で秋も終り霜が降るような寒い夜に鳴いていたのも、カマドコオロギが暖かなかまどに棲んでいたからなのである。

ところが現在では、かまどはすっかり姿を消してしまった。そのため、万葉の時代から日本の家屋に身をひそめて日本の四季を生き抜いてきた熱帯産まれのカマドコオロギは、今ではなかなか姿を見ることができない。

かまどどころか、現代では、インスタント食品ばかりで、炊飯器さえない家も少なくない。それどころか、包丁やまな板さえない家も珍しくない世の中である。まさか、日本の食生活がこんな風になってしまうなんて、万葉の時代のカマドコオロギには、想像もつかなかったに違いない。

スズムシ

電話の向こうはどんな声?

秋になると、スズムシが売られているのをよく見かけるようになる。スズムシの鳴き声は平安時代から愛でられており、江戸時代にはすでに人工飼育されて、現在のようにスズムシが秋の風物詩として売られていた。

スズムシは漢字では鈴虫である。「リーンリーン」と涼しげに鳴くようすは、いかにも鈴の音のようで「鈴虫」の名がふさわしいようにも思える。ところが、じつはスズムシは平安時代にはマツムシと呼ばれていたのである。

ややこしいことに、マツムシという昆虫も、図鑑には載っている。それでは、現在のマツムシが、当時、何と呼ばれていたかというと、こちらはスズムシと呼ばれていた。スズムシとマツムシとは、平安時代には逆の呼び方で呼ばれていたのである。

スズムシが「リーンリーン」と鳴くのに対して、マツムシは「チンチロリン」と鳴く。古人は、この「チンチロリン」という鳴き声の方を鈴の音に見立てたのである。

そう言われれば、鈴の音は「リンリンリン」と小刻みだから、「リーンリーン」というスズムシの鳴き声は鈴の音ではない。この鳴き声は、風鈴の音である。ところが平安時代の風鈴は、風が吹くと「ガランゴロン」と威嚇の音を鳴らす魔除けの道具であった。どうやらマツムシの鳴き声の方が、鈴の音に近いようだ。

それでは、スズムシはどうしてマツムシと呼ばれていたのだろうか。

平安時代の人々は、「リーンリーン」という鳴き声に、松林を吹き抜ける風の音を連想した。そのため「リーンリーン」と鳴くスズムシをマツムシと呼んだのである。何という風流な呼び名だろうか。どうやら、虫の呼び名のセンスは、昔の人の方が一枚上のようだ。

古くから、虫の音は、日本の秋の風物詩であった。

しかし、「リーンリーン」「チンチロリン」といった虫の音を言葉で表現できるのは、世界でも日本人くらいのものである。外国人の多くは、虫の音を「虫の雑音」と表現する。じつは、これには日本人特有の脳のはたらきが関係しているのである。

私たち日本人は、虫の音を言語脳の左脳で聞いている。そのため、虫の音を聞きなして、言葉として表現することができるのである。

このように虫の音を左脳で聞くことは日本人やポリネシア人にのみ見られる特性であるという。これに対して欧米人は虫の音は右脳で聞くため、虫の音も雑音にしか聞こえないという。

それではスズムシなどの秋の虫たち自身はどうだろう。さまざまな種類の虫が一斉に鳴く虫の音を聞き分けているのだろうか。

秋の虫は羽をこすり合わせて音を出すが、出される音は、虫の種類によって周波数が決まっている。そのため、虫たちは、自分たちの出す周波数だけを聞き分けていると考えられている。たとえば、コオロギの仲間は五〇〇〇ヘルツ前後の周波数であるのに対して、スズムシの鳴き声は、四〇〇〇ヘルツである。

ちなみに電話が転送できる音の範囲は、人間の声に合わせて三四〇〇ヘルツ以下とされているため、虫の音は電話では伝わらない。スズムシなどの秋の虫たちは、残念ながら、電話でのラブコールはできないのである。

電話が使えないとすると、会いに行くしかない。スズムシたち秋の虫が鳴くのは、オスがメスを呼び寄せるためである。メスたちは、鳴き声を聞いてオスを選ぶ。

スズムシは一匹で鳴いているときには、「リー　リー」と断続的にゆっくりと優雅に鳴いて、遠くにいるメスを惹きつける。ところが他のオスが近くにいると、他のオスよりも目立つために、より高い音で「リーンリーン」とけたたましく鳴く。この競い合う声が美しいとされて、飼育されるときはオスが数匹入れられるのである。秋の夜長に優

231　スズムシ

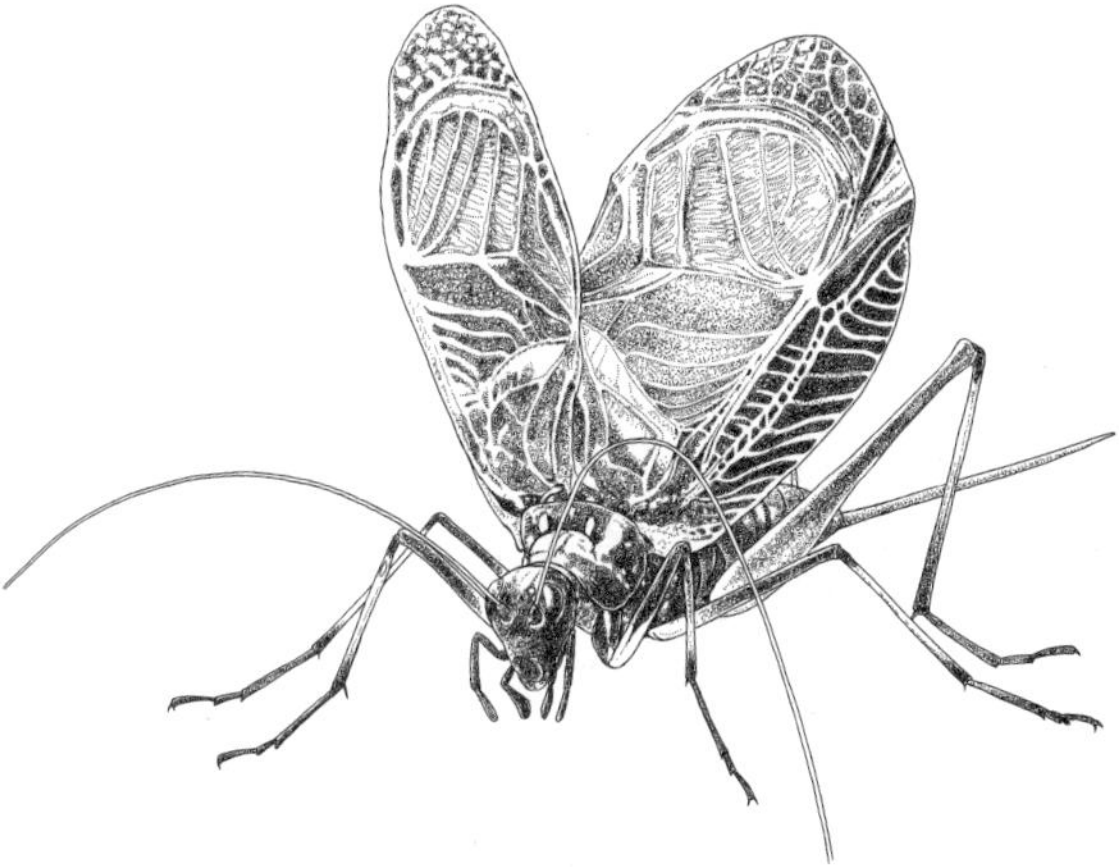

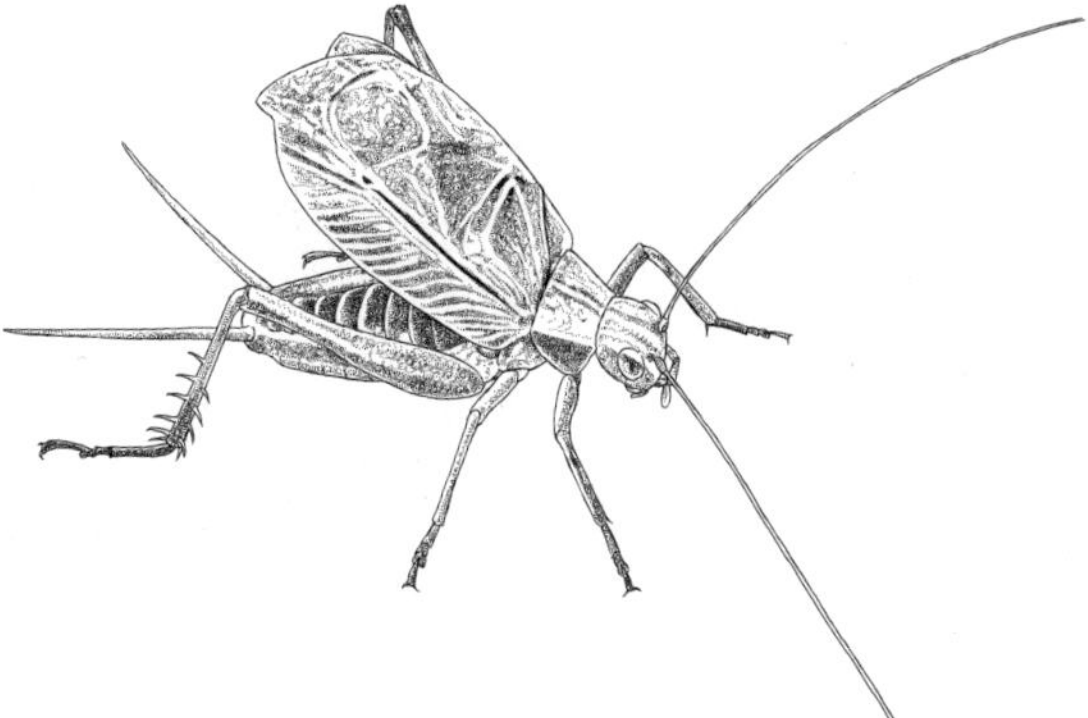

雅に聞こえる虫の音も、選ばれるオスにとってはライバルと競い合いながらの必死の自己アピールなのである。

それにしてもメスは、鳴き声の大きさだけでパートナーにすべきオスの良し悪しを選び分けられるものなのだろうか。

より大きな声で鳴くことは、敵に襲われやすくなるため、生きていくうえで不利になる。「大きな声で鳴いているオスは、それだけ困難な状況を生き抜いてきたはずだから、きっと強くて丈夫だろう」、メスはそう判断するのではないかと推察されている。

クジャクのオスが飛ぶのには邪魔になるような羽を持つのも、スズムシなどと同じように、生存に不利な条件を見せつけて強さを誇示していると考えられている。

どんな生き物もメスにもてるのは、大変なのである。

ダンゴムシ

古代の海の記憶

はるか昔、五億年前の古生代の地球では、多種多様な生物たちが著しい進化を遂げた。この現象は、「カンブリアの大爆発」と呼ばれている。ところが、古生代に繁栄した多くの生物は、古生代末期に突如として姿を消してしまう。これがペルム紀末期の大量絶滅である。この大量絶滅は、恐竜やアンモナイトが滅んだ白亜紀末期の大量絶滅を上回るもので、じつに地球上の九〇％もの生物が死に絶えたとされている。

古生代の海で、もっとも繁栄した三葉虫もまた、この大量絶滅で姿を消してしまった。しかし、もしかすると三葉虫の末裔は、あなたのすぐそばで、ひっそりと命をつないでいるのかもしれないのである。

その末裔はダンゴムシである。そういえば、ダンゴムシは三葉虫とよく似ている。三葉虫が直接のダンゴムシの祖先かどうかは定かではないが、ダンゴムシは三葉虫の仲間から進化を遂げたとされているのである。

こんなにも、果てしない地球の歴史を生き抜いてきたダンゴムシだが、かわいらしくボールのように丸くなることから、「丸虫」や「ボール虫」と呼ばれて、すっかり小さな子どもたちの遊び相手にされている。

しかし、ダンゴムシはじつに進化した虫である。

何しろ、三葉虫は海の中に暮らしていたが、ダンゴムシは見事に陸上に進出した。ダンゴムシや三葉虫は甲殻類と呼ばれ、カニやエビの仲間とされているが、カニやエビはすべて水の中か水辺で暮らしている。甲殻類の中でダンゴムシほど陸上生活に適応したものはいないのである。

私たち人類も魚類から両生類、爬虫類、哺乳類へと進化をしたが、魚類から両生類へと陸上生活に適応するときには、海から川へと侵入し、川から湿地へと上陸を果たしたとされている。そのため、カエルやサンショウウオなど両生類は淡水の環境で見られる。また、昆虫の仲間も淡水の湿地に暮らしていた節足動物が陸上へと進出して昆虫へと進化した。そのため、地球上には多くの昆虫が繁栄しているが、海水に暮らす昆虫はほとんどいないのである。

ところがダンゴムシは、海から直接、陸地へと進出を果たしたと考えられている。ダンゴムシの仲間にはフナムシやワラジムシがいるが、フナムシは波しぶきのかかる磯などに見られる。そしてワラジムシは陸上を棲みかとしているが、湿った場所を好む。ダ

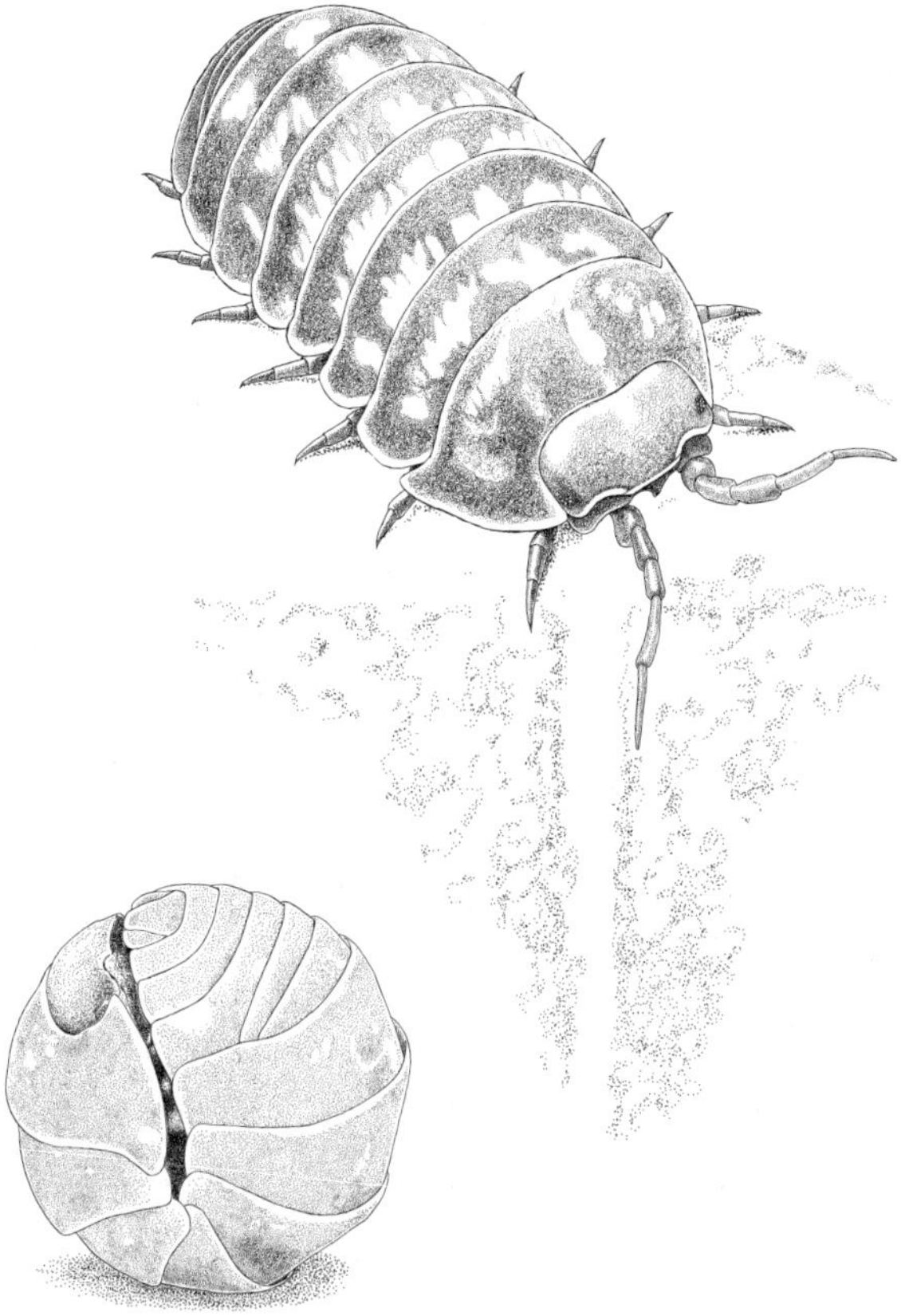

ンゴムシはフナムシの仲間からワラジムシの仲間に進化し、さらに乾燥地帯に適応して進化を遂げたと考えられているのだ。

ダンゴムシの学名のアルマデリウムは、敵に襲われると丸くなるアルマジロに由来している。確かに子どもにつつかれても丸くなるが、ダンゴムシが丸くなるのは敵から身を守るだけでなく、むしろ乾燥から身を守るためである。また、背中の固い装甲も、水分が蒸発するのを防ぐために発達したものなのである。

さらに、ダンゴムシは石の下や落ち葉の下に集まっていることが多いが、ダンゴムシが集まるのも、体を密着させることで、体からの水分の蒸発を防ぐためである。

昔は便所のまわりにいたことから、「便所虫」と呼ばれてバカにされたこともあったが、昔の便所はジメジメした場所にあったころから、それも、乾燥から身を守るためだった。

また、ダンゴムシはコンクリートブロックのすきまなどでよく見かける。これは、どうしてだろう。

驚くことに、ダンゴムシは、あろうことかコンクリートブロックを食べているのである。ダンゴムシの固い装甲は炭酸カルシウムからできている。そのため、炭酸カルシウムをコンクリートブロックから摂取しているのだ。海の水には十分なカルシウムが溶けているが、陸上にはカルシウムがない。そのためダンゴムシは、自然界では石灰岩などからカルシウムを摂取しなければならないのである。

雨の日にはブロック塀にカタツムリが這い出しているのをよく見かけるが、カタツムリも殻の材料になる炭酸カルシウムを摂取している。カタツムリも海の中に棲んでいた巻き貝の仲間が地上生活に適応して進化した貝である。

こうして、ダンゴムシやカタツムリは、不思議とブロック塀に集まってくる。遠く故郷を離れた彼らにとっては、コンクリートブロックは母なる海の味なのである。

ハサミムシ

――母の愛は海より深い

ハサミムシは英語で「イヤーウィグ（耳のくねくね）」と言う。

昔、ヨーロッパでは、ハサミムシは耳の穴から頭の中に侵入して脳に卵を産むと信じられてきた。現在でも、卵から孵ったハサミムシに脳を食いちぎられたという都市伝説がまことしやかに流布している。

もちろん迷信である。イヤーウィグの都市伝説は、耳たぶにハサミムシのハサミを噛ませてぶらさげて遊んだことに由来しているという。

日本では悪ガキどもに「ちんぽはさみ」や「ちんぽ切り」と呼ばれているが、まさか本当に挟ませてみた子どもはいないだろう。

ハサミムシはその名のとおり、尾の先についた大きなハサミが特徴的である。このハサミは、ゴキブリなど古いタイプの昆虫に見られる長く伸びた二本の尾毛が発達したものと考えられている。ハサミムシは、サソリが毒針を振り上げるように、尾の先についたハサミを振りかざして、敵から身を守る。また、ダンゴムシや芋虫などの獲物をとら

えるとハサミで身動きをとめてゆっくりと食らいつく。

石をめくると、ハサミムシがあわてふためいて右往左往しながら逃げ惑っておもしろい。ところが、ハサミムシがじっと逃げずに動かないことがある。よく見るとハサミムシの傍らには、産みつけられた卵がある。どけて卵を見ようとするとハサミを振り上げて威嚇をしてくる。

コオイムシ（一五二ページ）で紹介したように、昆虫は他の生物の餌となることが多いので、食べ尽くされないようにたくさんの卵を産む。少ない数の卵を産んで保護するのは、親が卵を守るにふさわしい強さを持っている必要がある。強力なハサミを持つハサミムシは、卵を守って卵の生存率を高める道を選択したのである。

ハサミムシの母親は、産んだ卵に覆いかぶさるように卵を守っている。そしてカビが生えないように一つ一つていねいになめたり、空気に当てるために卵の位置を動かしたりしていく。

卵が孵るまでの間、母親はそばを離れることはない。餌を取ることもなく飲まず食わずで、卵の世話をし続けるのである。

神様は、母親の愛の深さを試しているのだろうか。ハサミムシの卵の期間は昆虫の中でも特に長く四十日もある。長いものでは八十日も掛かるものもある。

しかし、やっとの思いで、卵から幼虫が孵っても、それで終わりではない。母親には最後の仕事が残されている。

孵化したばかりの幼虫は餌を取ることができない。そのため、卵から孵った幼虫のために母親は自らの体を餌として投げ出すのである。

親の思いを知ってか知らずか、ハサミムシの子どもたちは母親の体を貪り食い始める。何とむごいシーンなのだろう。しかし、子どもたちも何か食べなければ死んでしまう。それでは、母親が何のために苦労をして卵を育ててきたのかわからない。

疲れきっているとはいえ、母親のハサミムシはその場を立ち去って逃げることはできる。それでも、母親は逃げることなく、じっと子どもたちに食べられるのを待っている。

母親の体を栄養にして、子どもたちは元気に育ち、やがて自分で餌を取るようになる。何という壮絶な子育てだろう。

しかし、母親の思いは子どもに伝わっていると信じたい。やがて、子どもたちが大人になったときには、同じように自分の子どもに体を差し出すときがくる。こうしてハサミムシは次の世代へと命をつないでいるのだ。これこそが、無償の愛というものだろう。

振り返って、人間はどうだろう。

子どものためと言いながら、自分の見栄や老後のために、子どもを有名校へ進学させようとしていないだろうか。自分たちの幸せのために、子どもたちの世代に債務や環境負荷のツケを回していないだろうか。

ハサミを振りかざして卵を守る小さな虫の姿を、私たち人間は見習わなければならないのではないだろうか。

チャタテムシ

――妖怪はどこへゆく

夕暮れ時に川辺に近づくと、川の流れの音に混じって、どこからともなくショキショキと小豆を洗う音が聞こえる。音の主を探しても姿はなく、ただただ、小豆を洗う音だけが不気味に響くだけである。そして、音に誘われて近づいていくと、水に落とされてしまうという。

これが『ゲゲゲの鬼太郎』などでおなじみの、妖怪「小豆洗い」である。小豆洗いの姿は禿げ頭の男であるとか、小僧の姿をしているとか、老婆の姿をしているとか言われている。また、その姿を見たものは幸福になるとも、死ぬとも伝えられており、はっきりしない。結局、その正体をはっきりと見た人はいないのだ。

江戸時代の後期になると、この妖怪の正体がゴマ粒ほどの虫であることが明らかとなった。その虫が、チャタテムシという小さな虫である。チャタテムシはわずか数ミリの大きさなので、その姿はとても見えない。ところが、この小さな虫の立てる音が、静まり返った夕闇の中で妖怪を思わせるほど不気味に響くのである。

ところが、現在でもチャタテムシがどのようにして音を立てるのかははっきりしない。頭部のあごやひげ、腹部や尾を紙のような薄いものにたたきつけたり、こすりつけて音を出すという観察例もあるし、後脚の基部に音を出す器官があるという報告もある。小豆洗いの音の正体は、今でも謎のままなのだ。

チャタテムシは種類が多いが、屋内に棲む種類もある。室内ではチャタテムシが立てた音が障子に共鳴して「サッサッサッ」と音を立てる。この音は、米をつく踏み臼の音に聞こえたが、小豆洗いと同じように姿は見えないので、音の主は妖怪「かくれ座頭」だとされていた。「かくれ座頭」は、子どもをさらって隠れ里につれていくと言い伝えられた妖怪である。

チャタテムシは、シラミに近い仲間である。チャタテムシは主にオスが音を立てる。この音でメスに信号を送り、交尾を誘うのである。

チャタテムシという名前は、障子に共鳴した音が、茶を点てるときの音にたとえられて「茶点て虫」と名付けられた。江戸時代の俳人、小林一茶が「有明や虫も寝あきて茶をたてる」と詠んだのも、このチャタテムシである。

チャタテムシはカビなどを食べるため、風通しの悪い湿った場所を好む。家の中では台所や、押し入れの奥、書斎の本棚などがチャタテムシの棲みかである。

245　チャタテムシ

チャタテムシ自体は、もともとけっして珍しい昆虫ではないが、昔の家屋と違って、機密性の高くなった現在の家屋では、チャタテムシの姿を見ることは少なくなった。そもそも日本家屋の象徴である障子がない家も多い。障子がなければ、茶を点てるような音を聞くことはできないのだ。

そして小豆洗いやかくれ座頭が現れるのは夕刻である。電気がない昔は、太陽が沈めば辺りは真っ暗になる。夕闇が迫ってくると、昼間の喧騒が失われ、恐ろしいほどの静寂がふっと訪れる。そんな時間に、小さな虫が立てるかすかな音が、妙に人々の心に印象的に聞こえたのである。

現代ではどうだろう。夕方の通勤時間帯は、自動車の渋滞や満員電車で喧騒はむしろ増しているし、家の中でもテレビの音やゲームの音がにぎやかに鳴り響いている。夕方どころか、夜遅くなってもコンビニで塾帰りの子どもたちが談笑しているし、大人たちは眠らぬ街を、はしごして飲み歩いている。

これでは、チャタテムシの立てる音など聞こえようはずもない。

小豆洗いやかくれ座頭は、どんな思いで人間たちの暮らしを見ていることだろう。どうやら妖怪たちには、ずいぶんと住みにくい世の中になってしまったようである。

ワタアブラムシ

――雪のような命

井上靖の幼少時代の自伝小説『しろばんば』では、こんな風景が描かれている。

いまから四十数年前のことだが、夕方になると、決まって村の子供たちは口々にしろばんば、しろばんばと叫びながら、家の前の街道をあっちに走ったり、こっちに走ったりしながら、夕闇のたてこめ始めた空間を綿屑でも舞っているように浮游している白い小さい生きものを追いかけて遊んだ。

しろばんばというのは白い老婆という意味である。老婆のような白い白髪を見せながら浮游するこの生きものの正体は、ワタアブラムシの仲間である。

ワタアブラムシは一般に雪虫と呼ばれている。まるで粉雪が舞うように飛んでいるので、雪虫と呼ばれているのである。雪虫は「雪ん子」や「雪蛍」などロマンチックな呼ばれ方もしている。しかし、ロマンチックな名前をつけられていても、ワタアブラムシは植物に寄生する小さな害虫に過ぎない。

雪のように見えるワタアブラムシは、白いワックス状の物質を綿のような結晶にしている。ワタアブラムシには羽があるが、飛ぶ力が弱く、むしろこのふわふわした綿で風に乗って舞っていく。そのようすが、雪が舞うように見えるのである。

それにしても、冬の訪れを告げる雪虫は、どうしていきなり現れるのだろうか。夏の間はいったいどこにいるというのだろうか。

雪虫というロマンチックな別名を持つこの虫も、所詮はアブラムシである。夏の間はアブラムシと同じように植物の汁を吸って暮らしている。

ワタアブラムシに限らず、アブラムシは、ふつうは羽を持っていない。

アブラムシの仲間は、オスがいなくてもメスだけでクローンを産み、子孫を残す「単為生殖」という能力を持っている。そして気温が高いとメスばかりを産んでいくのである。しかも卵を産むのではなく、体内で卵を孵していきなり子虫を産み落とす。こうして生まれたメスが、さらにクローンを産みだすので、アブラムシは効率の良い繁殖能力で、次々に子孫を作り、爆発的に増殖するのである。

ところがクローンで増えていくだけだと同じような子孫ばかりになってしまって、環境の変化に対応できない。そこで気温が低くなってくるとアブラムシは、羽のあるオス

とメスとを産む。このオスとメスが空を舞い、交尾をしながら冬越しのための卵を産むのである。

ところが、ワタアブラムシの中でも最も大きいトドノネオオワタムシは、さらに複雑な生活を送っている。トドノネオオワタムシは東北や北海道に分布し、雪虫は、初雪が降り始める少し前の季節に大発生して雪のように舞うことから、雪虫が飛ぶと初雪が降ると言われ、冬の訪れを伝える風物詩となっている。

じつは、トドノネオオワタムシは初夏と晩秋の二回、空を飛ぶ。トドノネオオワタムシは、春にはヤチダモに寄生している。ところが初夏になると羽のあるメスの成虫が現れる。そして羽のあるメスはトドマツに移動して、甘い甘露を出してアリに与えながら、アリの巣の中に居候してトドマツの根の汁を吸いながら数を増やしていくのである。

しかし、このときは移動するメスの数は少ないし、飛んでいる虫は他にいくらでもいるので目立たない。秋が深まるとメスたちは再びヤチダモに移動して、今度はオスとメスを産む。この移動を私たちは雪虫と呼んでいるのである。そして、このオスとメスとが交尾して冬越しのための卵を産むのである。

雪虫の命も、雪のようにはかない。

手のひらでつかまえると、すぐに弱ってしまう。風に飛ばされながら、ヤチダモの木にたどりつけながった雪虫たちが、自動車のフロントガラスにくっついてしまうと、ガラスの上でそのまま生涯を終えてしまう。

雪虫とは、誰が名づけた名だろう。本当に、まるで雪がとけるかのように、静かに命が消えていくのである。

ミノムシ（ミノガ）

――鬼の子は箱入り娘

清少納言の『枕草子』に、「みのむし　いとあはれなり　鬼の生みたりければ……」としたためられている。

ミノムシは別名を「鬼の子」という。ミノムシは鬼に捨てられた子どもで、粗末な蓑を着せられて、秋風が吹く頃になったら迎えに来るので待っているように言われたので、秋風が吹くと、「父よ、父よ」と父親を慕ってはかなげに鳴くというのである。

ただし、蓑の中に隠れているミノムシの正体は、ミノガという蛾の幼虫の芋虫なので、実際には鳴くことはない。それなのに、どうして、ミノムシが鳴くと言い伝えられているのだろう。

じつは、「チチヨ、チチヨ」と鳴いていたのは、コオロギの仲間であるカネタタキである。コオロギが地面の上で鳴くのに対して、カネタタキは木の上に棲んでいる。ところが、カネタタキはすばしこいので、なかなかその姿を見ることができない。そのため人々は、木の上から聞こえてくる鳴き声を、ミノムシが鳴いていると勘違いしたのである。

蛾の幼虫である芋虫は、鳥の大好物である。そのため、ミノムシは、枯れ葉や枯れ枝で作った巣を作って、木の枝にぶら下がり、その中にこもって暮らしているのである。この巣が、菅やわらを編んで作った昔の雨具の蓑に似ていることから「蓑虫」と名づけられた。ミノムシの仲間は何種類もあるが、一般にミノムシと言われるのは、体が大きくてよく目立つオオミノガやチャミノガの幼虫である。

ミノムシは蓑の上からときどき顔を出して、まわりの葉っぱを食べて暮らしている。まるでふとんにごろ寝したまま、漫画を読んだり、お菓子を食べたりしているぐうたら生活のようだが、ミノムシにとっては身を守るための大切な引きこもり生活なのである。

しかし、いつまでも蓑にこもったままでは、大人になっても結婚相手と出会うことができない。そこで、冬を越して春になると、ミノムシのオスは成虫の蛾となって、蓑の外に出てくるのである。

ところがメスのミノムシは、春になっても蓑の外に出てこない。じつは、ミノムシのメスは蓑から出ることなく、一生を蓑の中で過ごすのである。

外に出て飛ぶことのないメスは、成虫となっても羽もなく、ウジ虫のような姿をしている。そして、蓑から頭だけを出してフェロモンでオスを呼び寄せるのである。そして、オスと交尾をしたメスは蓑の中に、卵を産む。そして、ミノムシのメスは蓑の中で静かに生涯を終えるのである。

やがて、卵から孵った幼虫は蓑から外に這い出て、風に乗って飛ばされていく。そして、新たな土地で小さな蓑を作り、蓑の中で過ごすのである。

昔はどこにでもいたミノムシだが、今ではすっかりその姿を見ることはなくなってしまった。ミノムシは各地で絶滅が心配されるまでに激減している。

昔は、ミノムシは子どもたちの身近な遊び相手で、よく巣をはがしては毛糸や色紙の中にミノムシを置いて、カラフルな巣を作らせた。しかし、今の子どもたちはミノムシを見たことがない子も多いことだろう。

中国で植木などの葉を食害するミノムシを退治するために、大量に放し飼いしたオオミノガヤドリバエという寄生バエが日本に飛んできて、日本のミノムシたちをも襲い始めたのである。

しかし、このヤドリバエは、蓑の中に隠れたミノムシをどのように攻撃するのだろうか。

じつは、オオミノガヤドリバエはミノムシが食べている葉に小さな卵を産みつける。そして、ミノムシが葉といっしょに卵を食べると、ミノムシの体内で卵から孵ったヤド

255　ミノムシ（ミノガ）

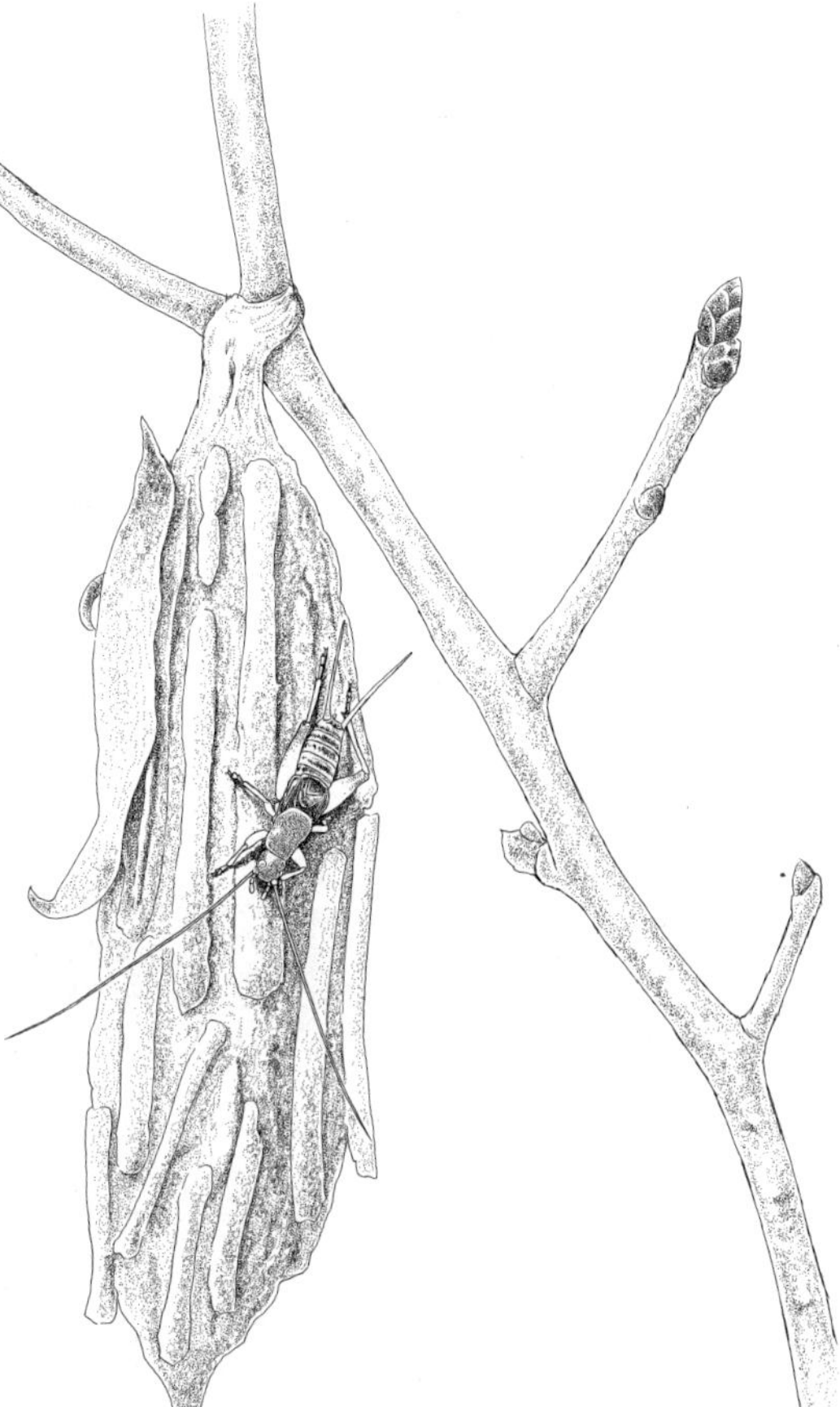

リバエの幼虫が、体の中からミノムシを食いあさるのである。蓑の中に隠れることしか身を守る術を持たないミノムシたちは、外国からいきなり現れた天敵に、なす術もなくその数を減らしているのである。

しかし、最近ではこのヤドリバエに寄生するハチが現れて、少しずつではあるが、ミノムシの数は増えつつあるという。ミノムシたちの未来は、どうなることだろう。鬼の子の苦悩はまだまだ続きそうである。

あとがき

すでに知られている地球上の全生物の種類数は、一七五万種に及ぶ。そのうち半分以上のおよそ九五万種が昆虫種だという。哺乳類の数はわずか六〇〇〇種だから、昆虫の方が一五〇倍も多いことになる。

もちろん、種類数ばかりではない。昆虫は体が小さいから、個体の数も圧倒的に多い。イギリスの昆虫学者C・B・ウイリアムズは、地球上にいる昆虫の数は、一兆の百万倍の一〇〇京匹と推定した。栄華を誇っているように見える人類の数が七〇億人だから、昆虫の方が一億倍も多いことになる。

何も知らない宇宙人が地球を観察したとしたら、間違いなく地球の支配者は昆虫だと結論づけるだろう。

この惑星の支配者たる虫たちだが、私たちにとっては何とも身近な存在である。特に子どもたちにとっては、虫は格好の遊び相手である。

夏休みになれば、子どもたちは網を持って虫捕りに出掛けて行く。かくいう私も、子どものときには、虫捕りに夢中になったものだ。夏休みになれば、セミ捕りやトンボ捕りを楽しんだ。虫捕り網など使わなくても、素手でセミをつかまえて、虫かごをいっぱいにしたものだ。トンボ捕りも得意だった。シオカラトンボやギンヤンマ、アキアカネなどをつかまえた。子どもの頃に憧れだったのはオニヤンマだ。網の届かない高いところを颯爽と飛んでいくオニヤンマは、それはカッコ良かった。

残酷な子どもも心にまかせて、アリの巣に水を入れたり、アリを虫めがねで焼いたりして遊んでみたこともあるし、つかまえたアリをアリジゴクの巣に落としたり、ハエトリグサの葉の中に放り込んでみたりもした。

特に大好きだったのは、バッタ捕りだった。小学校低学年のときには授業を抜け出してトノサマバッタを捕りにいったことさえある。

授業を抜け出したかどうかはともかく、虫捕りに夢中になった思い出は、男の子ならば、誰でも持っていることだろう。

男の子ばかりではない。女の子だって、花に舞うきれいなチョウチョウをお絵かきした思い出があるだろうし、テントウムシがデザインされたアクセサリーや服を身にまとったことだろう。子どもばかりか、大の大人だって、ホタルが出たと聞けば、小さな虫を求めて大勢で押し掛ける。

ちっぽけな虫けらとはいえ、私たちにとっては何とも愛すべき存在なのだ。

ところが、こんなにも虫に親しみを感じる国は、世界でも珍しいらしい。

日本では、どこでも虫捕り網や虫かごを売っているが、私は、海外で日本のように子ども向けの虫捕り網を売っているのを見たことがない。

日本では昆虫の飼育ケースも売られている。アリの巣を観察したり、スズムシの音色を楽しんだり、日本人ならば、誰だって子どもの頃に一度くらいは虫を飼ったことがあるだろう。

中でも人気なのはカブトムシやクワガタムシである。

日本ではホームセンターやスーパーマーケットなどで、カブトムシやクワガタムシを気軽に買うことができる。高級デパートでも、カブトムシを売っているくらいだ。ムシキングというカブトムシなどの昆虫を題材にした人気のゲームもある。

日本人の虫好きの歴史は古い。

江戸時代にはすでに「虫売り」という商売があったという。スズムシやキリギリスなどの鳴く虫やホタルを売って江戸の市中を歩いたのである。もちろん、こんな商売が成り立つほど、人々は虫を買い求めて楽しんだということでもある。

戦いに明け暮れた戦国武将さえも虫を愛していた。

戦国武将は兜に前立てと呼ばれる飾りをつけるが、その前立てのモチーフとして好まれたのが、トンボである。古くから、トンボは「勝ち虫」と呼ばれ、縁起の良い虫とされていた。トンボは前に進んで退かないことから、武将たちに好まれたのである。実際には、トンボは後退しながら飛ぶことのできる器用さを持っているが、それでもトンボは前へ進むシンボル的な存在だったのだろう。現在でも、相撲の力士が着る浴衣にトンボがデザインされていたりする。

ちなみにトンボは英語ではドラゴンフライという、かっこいい名前で呼ばれているが、神格化された日本の龍と異なり、西洋のドラゴンは嫌われ者の化け物である。ドラゴンフライという呼び名は決して好意的な呼び名ではないのだ。

それにしても、猛獣や猛禽のように、戦いにふさわしそうな生きものは他にいくらでもいるのに、勇猛な武将が小さな虫を武具につけて戦うところは、何とも虫を愛する日本人らしい。

そう言えば、平家の代表的な家紋は、アゲハチョウだった。わざわざ昆虫を家紋にするというのも、西洋の紋章がワシやユニコーン、クマなど強そうな生きものをモチーフにしているのと比べると大きな違いだ。

　もちろん、世の中にはトンボやチョウのように愛らしい虫ばかりではない。嫌われ者の害虫もいる。しかし、古人たちは害虫にさえも、深い愛情を注いでいた。

　秋になると農村では、農作業によって殺してしまった虫の魂を供養する「虫供養」と呼ばれる行事が行われる。そうして害虫の魂をなぐさめたのである。

　昔の人の迷信かと思うかも知れないが、現在でも、最新科学を研究しているはずの大学や研究機関で、実験で殺してしまった虫の供養が普通に行われている。かくいう私も、年に一度は熱心に虫供養をしている研究者の一人だ。虫を供養するような国は他にはないと、海外の研究者にはいつも笑われる。

　そういえば、アメリカの大学を訪ねたときには驚かされた。学生たちが歩道にいるコオロギをわざわざ踏みつけて歩いていたのである。どうやら、彼らにとって虫というのは、たとえ害虫でなくとも、愛すべきものではなく、退治するものらしい。虫を見ると殺さずにいられないのだそうだ。昆虫学の先生は、「昆虫学を専攻する学生さえも虫が好きではない人が多いんです」と嘆いておられた。

　もちろん、世界にも虫好きと呼ばれる人たちは少なからずいて、虫をつかまえたり、飼ったりしている。しかし日本のように、子どもたちの誰もが虫捕りをしたり、カブトムシャスズムシを買ってくるような国はあまり聞かない。

日本人は世界でも稀な、虫を愛する国民なのだ。

本書はちくま文庫『身近な雑草の愉快な生きかた』『身近な野菜のなるほど観察録』に続く「身近な」と題した本となる。

私たちにとって、昆虫はごく身近な存在である。しかし、それでもなお「身近な」という言葉を使ったのは、身近な存在であるはずの昆虫が、だんだんと身近でなくなってきているようにも思えるからである。

「夕焼け小焼けの赤とんぼ」と童謡に歌われたアキアカネは、もっとも一般的な赤とんぼだったが、今や絶滅が心配されるまでに数を減らしている。バッタを追いかける草むらも、セミやカブトムシをつかまえる雑木林も、めっきり少なくなってしまった。そして、虫捕り網を持って歩く子どもたちの姿も、あまり見られなくなってしまったような気がする。

だんだんと昆虫たちが身近な場所から失われていくにつれて、小さな虫に愛情を注いできた豊かな「日本人の心」もまた、失われつつあるように思うが気のせいだろうか。

本書をきっかけとして、身近な昆虫たちの暮らしぶりを、より身近なものに感じてもらえるとしたら、著者としてうれしい。

本書で紹介した昆虫の暮らしは、多くの方々の地道な調査や研究によって明らかにされたものばかりである。論文や著書を引用させていただいた研究者の方々に深謝したい。

最後に、本書の出版にあたりご尽力いただいた筑摩書房の鎌田理恵さんに感謝申し上げたい。また、小堀文彦さんには精緻な昆虫たちの姿を描いていただくとともに、昆虫の生態についてもご教授いただいた。深く感謝申し上げたい。

二〇一三年一月

稲垣栄洋

解説　虫嫌い

小池昌代

本書には、題名のとおり、「身近」にいる虫たちが取り上げられていて、わたしにはまず、それが嬉しい。つまりこの本は、虫が大好きで、虫のことにやたらと詳しい、虫オタクのために書かれたもの、というより、虫が苦手、虫が嫌い、虫のことをあまり知らないという、わたしのような一般的な読者に向けて、優しく開かれている本なのである。

わたしはいま、東京の古い集合住宅の四階に住んでいる。ある夏の晩、窓際のわたしの部屋に、一匹のバッタがやってきたことがある。薄く窓を開けていたせいで、ベランダから入り込んだものと見える。わたしは虫があまり得意ではない。そのときも、声にならない叫びをあげた。捕まえようか、追いたてようか、選択はこの二つしかなく、大いに困った。「話しあう」とか「見つめあう」とかいう、第三の選択があってもよかったのに（この本を読んだ後ならあり得たかもしれない）。

ところがバッタは、こちらの慌てぶりとは裏腹に、どこまでも落ち着いてじっとしている。その姿には威厳があって、何もかもを見通しているようでもあった。あのとき、虫とわたしとのあいだに生まれた、優雅でユーモラスな沈黙の感触。小さなことだが今も忘れがたく、わたしのなかに残っている。

本書を開くと、あのときのバッタがいる。正確には、「ショウリョウバッタ」というそうで、ショウリョウとは「精霊」のこと。ちょうどお盆のころに目立つ虫だという。だから人はこの虫を、「先祖が姿を変えたもの」と考え、精霊という名を虫につけた。虫は虫以外の何者でもなく、そこに意味を勝手につけているのは人間の妄想に過ぎないとしても、わたしたちの祖先は、小さな虫の命を、そうやって、宇宙の広がりのなかでとらえ、死者のまなざしを感じてきた。現代のわたしたちにも、その感覚は流れこんでいて、わたしなども、虫に対して、妙な懐かしさを覚えることがある。あの小さな虫の体のなかに、いにしえに繋がる回路が通っているような気がしてならないのだ。言葉にすると情緒的に聞こえるが、実際、ゴキブリのように、大昔からあまり姿を変えていない「生きた化石」としての虫がいると、本書で知って遥かな気持ちになった。ゴキブリのなかでは古生代と平成の今が、ゆるやかな水の流れのようにつながっている。虫の進化に、俄然、興味がわいた。

化石といえば、わたしには、ダンゴムシを見るたび思い出すものがあって、それは古生代に生きていて、その後絶滅したという「三葉虫」のことである。ダンゴムシと見た目がよく似ている。

二十年前、わたしは虫の好きな心優しき詩人から、三葉虫の化石の標本をもらった。以来、何度かの引越しを経てもなお、三葉虫はわたしのそばにあり、身近といえば、これもまた、身近な「化石の虫」なのである。すると本書にも、はっきり書いてある。「ダンゴムシは三葉虫の仲間から進化を遂げたとされている」と。三葉虫の末裔が我らのダンゴムシなのであった。

海に行くと、コンクリートの岸壁などにフナムシやワラジムシがぎっしりいて、うわぁ気味悪いとか言いながら、いつもしっかり凝視するが、彼らももちろんダンゴムシの仲間。ダンゴムシは、そうした虫たちのなかでも、とりわけ、陸上生活に素早く適応し、進化を遂げた虫だったそうだ。

わたしは昆虫の実態を、人間の社会生活に照らし合わせたり、似ている部分を拡大解釈して、例えばアリとキリギリスのように、擬人化し道徳教育をするのはあまり好きではない。しかし昆虫の生活を通して見えてくる、生きるという行為の壮絶さには、やはり胸を打たれないわけにはいかない。虫たちには、計らいとか意志、人間の自己愛のようなものはまるでないとわかるから。

　虫に対する無知は、いたずらにロマンチックな妄想を育てるかもしれないが、虫についての正確な知識は、現実を教えると同時に、わたしたちの想像力を鍛え、成長させるとわたしは思う。虫の世界へ、つかの間、目を転じることによって、すっかり固定化したわたしたちの想像力に、弾力が戻ってくるのではないだろうか。そしてその延長には、虫の目で世界を見る面白さが広がっている。

　例えば「昆虫は人間には見えない紫外線域の光を見ることができる」そうで、だからこそ、わたしたちの目には雌雄同じにしか見えないモンシロチョウも、虫の目で見れば、「オスの羽は紫外線を吸収する」ので暗く、「メスの羽は紫外線を反射する」ので、「アイドルのようにまぶしく光り輝く」そうなのである。

　一匹の虫は、まるで一つの俳句のようだ。とても小さいのに、読み解くことによって、そこには宇宙大の時空間が広がる。虫嫌いを表明する人々のなかに、実は隠れている虫への愛（それを懐かしさと呼んでもよいが）を、本書はそっと引き出してくれるだろう。

本書は、文章、イラストともに、ちくま文庫のために書き下ろされたものです。

ちくま文庫

身近《みぢか》な虫《むし》たちの華麗《かれい》な生《い》きかた

二〇一三年 三月 十日 第一刷発行
二〇二〇年十二月十五日 第五刷発行

著者 稲垣栄洋（いながき・ひでひろ）
絵 小堀文彦（こぼり・ふみひこ）
発行者 喜入冬子
発行所 株式会社 筑摩書房
東京都台東区蔵前二―五―三 〒一一一―八七五五
電話番号 〇三―五六八七―二六〇一（代表）
装幀者 安野光雅
印刷所 三松堂印刷株式会社
製本所 三松堂印刷株式会社

ISBN978-4-480-42914-8 C0145